我想去你的世界撒个欢

绿北 —— 著

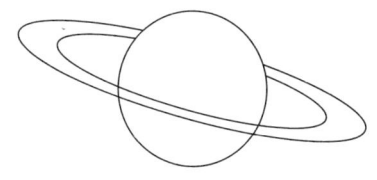

民主与建设出版社
·北京·

© 民主与建设出版社，2018

图书在版编目（CIP）数据

我想去你的世界撒个欢 / 绿北著. -- 北京：民主与建设出版社，2018.6
ISBN 978-7-5139-2061-2

Ⅰ.①我… Ⅱ.①绿… Ⅲ.①女性 – 成功心理 – 通俗读物 Ⅳ.① B848.4-49

中国版本图书馆 CIP 数据核字 (2018) 第 150857 号

我想去你的世界撒个欢
WOXIANGQUNIDESHIJIESAGEHUAN

出 版 人	李声笑
作　　者	绿北
责任编辑	刘树民
封面设计	蔡小波
出版发行	民主与建设出版社有限责任公司
电　　话	（010）59417747　59419778
社　　址	北京市海淀区西三环中路 10 号望海楼 E 座 7 层
邮　　编	100142
印　　刷	三河市华润印刷有限公司
版　　次	2018 年 9 月第 1 版
印　　次	2018 年 9 月第 1 次印刷
开　　本	880 mm × 1230 mm　1/32
印　　张	10
字　　数	160 千字
书　　号	ISBN 978-7-5139-2061-2
定　　价	39.80 元

注：如有印、装质量问题，请与出版社联系。

目录

第一部分
世界是漆黑的,但你是明亮的

爱情罗卡定律 / 002

前男友的婚礼邀请函 / 021

假如你爱上一匹野马 / 041

不二知道你爱过我 / 058

盒子里的前男友 / 071

自从你离开,想风也想你 / 092

从一开始,两个世界 / 109

所爱隔山海 / 125

小情事 / 142

第二部分

给我一个吻,可以不可以

每个等黎明的夜晚,都是在等你 / 158

我的贱女友 / 174

我很穷,可以嫁给你吗? / 192

一个人去看电影 / 214

一生为期 / 232

我的闺密 / 247

偷心大盗 / 268

最佳前任 / 283

谢谢你,我的花匠先生 / 298

第一部分

世界是漆黑的，
但你是明亮的

- 我最怕的事情，就是不能陪你走到结局，看到永远。

- 如果先一步离开这个世界的是我，宝贝别怕。

- 你一定要记得，你就是这个世界上最明亮的光。

爱情罗卡定律

风声簌簌。

你知道罗卡定律吗？法政之父罗卡曾经说过，凡两个物体接触，必会产生转移现象。这个用于犯罪现场调查，犯罪嫌疑人必然会带走一些东西，也会留下一些东西。

罗卡一边天真地笑，一边对林畅说，你觉得有趣吗？我也叫罗卡。我第一次听到这段话的时候，觉得爱情也是这样。

林畅身穿皮衣站在桥上，问她：想死？

黑夜中繁星璀璨，罗卡一身黑裙站在扶栏之外，如同这个城市里最后一只未能归巢的鸟儿。

很多时候上帝让你们一起走一段路，是为了彼此的救赎。

那是罗卡和林畅的第一次相遇。

01

罗卡曾经是小镇上最叛逆的少女。在外人看来，她父母恩爱、家境优渥，这样幸福的环境使她的叛逆显得格格不入。

可那些只在凌晨时分响起的争吵，破碎的玻璃声，也只有藏在被子底下的罗卡听得到。其实也没有什么痛苦不痛苦的，罗卡知道妈妈有一个相恋多年的恋人，当初阴差阳错以为对方死了，才嫁给了爸爸，而爸爸在越走越远的岁月里，遇到了心头上的朱砂痣。只是为了罗卡能有一个完整的家，两人才讳莫如深地装出一副和谐的样子。

谁稀罕啊！

罗卡坐在扶栏上，眺望着夕阳中的大河，波光粼粼的尽头，有个叫作远方的地方正在呼唤她。

"等老娘成年了就走，再也不回来了。"罗卡一边发毒誓，一边掉眼泪。那年，她15岁，发现她的还不是林畅，而是尔夏。尔夏穿着整套的学生服，规规矩矩地系着最后一颗衬衫的扣子，笑容比初升的太阳还要耀眼。他对她说："同学，你坐在这里很危险。"

罗卡怔怔地伸出手去摸尔夏的酒窝，一向桀骜不驯的女孩在那个瞬间像个迷路的孩子，她说："你笑起来真好看啊！"

尔夏没有躲开，反而趁机上前把罗卡拉了下来。

尔夏和罗卡在那个傍晚，成了往后十年里彼此最重要的人。

上了高中以后，罗卡成了全校师生最头疼的学生。她每天吊儿郎当地去上课，连书包都不带。每天在教室里晃来晃去，跟她较真的老师都被气得罢课了，最后班主任没办法，去年级领导那里申请，罗卡调到了尔夏的班里，并且成了他的同桌。

罗卡这才安定下来，如同没有脚的鸟终于找到了栖息地，她每天至少会安静地上下课，坐在座位上等尔夏复习完跟她说话。

"尔夏，你以后会去哪里啊？"罗卡趴在桌子上问他。

尔夏笑得很温柔，他说："我想去有海的城市。"

"那我也去啊。"罗卡马上回应。

年轻的时候，我们都对未来有太多的憧憬，以为单枪匹马就能天下无敌，也总会遇到一个人，一生一世，春暖花开。

罗卡以为自己的那个人，就是尔夏。

可一段关系之所以充满矛盾和痛苦，很多时候并不是简单的认可和背叛，而是没能完全对等。尔夏是罗卡的全世界，罗卡却是尔夏的一段风景。

罗卡和尔夏，时常爆发争吵。

罗卡是个坏分子，除了尔夏根本没人理她。而尔夏不一样，他有很多关系好的同学，一起切磋几何题的多重解法，一起踢球，一起打扫卫生，一起写作业，自然不可能所有时间都陪伴在罗卡身边。

可罗卡就是想霸占着他。

每次吵架之后，两个人谁也不理谁。可尔夏放学回家的时候，总能看见罗卡蹲在他的单车旁边,路灯在头顶上,把她变成映在地上的一个圆点。

尔夏每次都会心软,走过去把她拉起来。

可下一次,争吵依旧会继续。

彻底让一个人把另一个人放在心上,是需要一个强有力的事件来推进的。

很快,这个事件就发生了。

尔夏是全年级公认的优秀生。

有一件事情神圣又风光,就是在每周一的全体大会上担任升旗手。他会穿着升旗手的制服,戴着白手套。原本漂亮又精致的尔夏,一下子就有了不一样的风采。

而罗卡,与尔夏一起站在升旗台旁边,却是因为没有穿学生服,被罚站。校长训话的时候,她一会儿摸摸鼻子,一会儿挠挠胳膊,教导处主任瞪了她好几眼,可是没用,她依旧在东张西望。所以,旗杆倒下来的时候,第一个发现的人就是罗卡。

旗杆倒下的方向,正是尔夏站着的位置。

罗卡没有时间思考,她凭着本能冲上去保护尔夏。于是,被旗杆打到头,摔下升旗台的人变成了罗卡。

尔夏跑过来,慌张地把她抱紧,一脸恐惧害怕。罗卡还想安慰他说不疼,却根本没有机会,她晕过去了。

罗卡的头上缝了七针。最后一次换药的时候,尔夏骑着单车载着她上坡。他很用力也很艰难,浑身绷紧,屁股都离开了车座,但是坚决不许罗卡从车上下来。

风从身后吹来,灌满了尔夏白色的衬衫,那是一整个绚烂的夏天。罗卡甜蜜而满足地笑了。

罗卡 18 岁生日的那天傍晚,放学后校园里空旷寂静,教室里非常安静,刚刚擦过的地板冒着清凉的水汽。

尔夏从书包里掏出一个小蛋糕,然后插上一根蜡烛,点燃。他说:"罗卡,许愿吧。"

罗卡双手合十,神情安静又温柔,她说:"我想和尔夏永远在一起。"

尔夏耳根有点红,只好半抱怨半玩笑地说:"你怎么说出来了?说出来就不灵了怎么办?"

罗卡认真地看着尔夏:"我不会让它不灵的。"

尔夏轻轻摸了摸她的头发,五个清凉的触点温柔地落在她的头上。

时光轻轻流去,不忍惊动。

罗卡以吊车尾的成绩,花了大价钱,终于上了尔夏所在学校的三本。

一个有海的城市。

那四年的时光成了罗卡后来荒芜的世界里最美好的图腾。

罗卡一岁岁长大,竟然褪去了原先的痞气,一天比一天美丽起来。有的姑娘精致漂亮,但仅此而已。罗卡却美得惊心动魄,像浑身荆棘的玫瑰,带着桀骜不驯的戾气。这让她区别于一般意义上的漂亮,看起来格外的撩动人心。

除此之外,大约是受了尔夏的影响,她行为举止也优雅了很多。而尔夏,原本就是个温柔大气的男孩,很好接触,上了大学以后迅速地认识了一群新的朋友。

或许高中可以是两个世界的闭合圈，但到了大学，你却会迅速拥有一个独立的精神城堡。当罗卡后知后觉地发现了的时候，尔夏已经不再是那个以她为全世界的尔夏了。

他有了新的人生规划，要专心科研，要出国进修，要在这条路上英勇无比地走下去。可罗卡，却没办法轻而易举地追上他了。

尔夏一天比一天耀眼，罗卡一天比一天沉默。

分手吧。

毕业分手季，尔夏准备出国，罗卡终于提出了分手。

后来，罗卡留在了那个有海的城市。没有说出口的等待，她用行动替代。

25岁生日的那一天，她收到尔夏的生日礼物，是一瓶香水，由别人代寄。

那是毕业那年他没能送出去的礼物。

尔夏被同宿舍的同学从教学楼顶推了下去，当场死亡，永远地留在了大洋彼岸的异国他乡。

很多感情，如果两个人好好地告别了，就能好好地结束。

可很多故事，却因为一方的突然离席，变成了难以释怀的信号。

罗卡再也没能忘记尔夏，他成了她不能愈合的疤，如同偷了天火每天被鹰鹫啄心的普罗米修斯。她的心，好了还会痛，痛死了还会生还，生生不息。

02

罗卡尝试过很多次自杀。

她无数次地想，如果当年选择继续追随着尔夏的脚步，去保护他，结局会不会不一样？如果当年拼死留下他，是不是他们也能有很幸福的结果？可是没有如果，她是个在爱人面前藏着卑微，最后匍匐后退的孬种。

爱一个人，难道不是无论苦乐都会一起担当的吗？

是她先说的要永远和尔夏在一起，可食言的是她，为什么遭到报应的却是尔夏呢？

第一次自杀，她用刀片切了很多次手腕。但是不知道是位置不对还是力度不够，流了一会儿血就干了，于是留下了一片伤痕的手腕。

第二次，她从网上找人买了一瓶安眠药，全部吃下去才发现里面掺了很多很多维生素C片。她睡了一天，凌晨醒来，还是要面对这个孤独的世界。

她想起来第一次遇到尔夏的时候，是在桥上。也许冥冥中自有安排，她该去桥上与他重逢。就是这次，她遇到了林畅。

也许，在你觉得一无所有的时候，上帝会安排另一个一无所有的人与你相遇。

你们将短暂地成为彼此的整个世界，直到你们休养生息，羽翼丰满，能够再度起航。

林畅带罗卡去深夜不眠的大排档吃东西。拳头大的海螺直接水煮，把肉剔出来切成片，蘸着酱油吃。罗卡从来没有这样吃过海鲜，觉得很新奇，却也觉得肉质鲜美，十分好吃。林畅让她坐在原地，然后自己跑到街边的超市里面，不一会儿跑了出来，神秘兮兮地从口袋里掏出一袋芥末。

"敢不敢?"

罗卡翻了个白眼回复他。

林畅就把芥末倒入盛着酱油的小白碗里,说道:"吃吧。"

罗卡夹起一片海螺,在酱料碗里狠狠一涮,然后放进嘴里。辛辣瞬间蔓延开来,泪水喷薄而出,她一时间说不出话来,只狼狈地流眼泪。

身边的喧哗变成了嗡嗡的背景,林畅温柔的声音却在此时此刻响起:"眼泪啊,流出去就好了。"于是那个晚上,很多人都看到一个瘦瘦的姑娘,坐在路边的椅子上,一边吃芥末,一边号啕大哭。

无论是生离,还是死别,只要坚持着走下去,总能等到重生。哪怕再不舍,冗长而疲惫的噩梦之后,还是要醒过来。

林畅和罗卡的关系,说起来其实非常耐人寻味。

他们很亲昵,比如,会共饮一杯水,过马路的时候他会扶着她的腰,有时候走累了,罗卡就会抱住林畅的胳膊拖着走。林畅会买好票和她去看最新上映的电影。罗卡加班的夜晚,林畅会在公司大厦楼下等她,再送她回家。

除了接吻和共睡一张床,情侣间一起做的事情,他们几乎都做过了。

罗卡虽然看起来像个不良女青年,厨艺却很好。她做的食物很有个人风格,她会在做可乐鸡翅的时候,放一片芝士进去,最后鸡翅带着奶香,非常特别。她也会在豆腐汤里加入虾仁,使汤格外鲜浓。她会做意面,意面搭配土豆泥,土豆泥里会加入少量鲜奶。

就是一些很细微的不同,让她做出来的食物在林畅的味觉世界里留下了鲜明的符号。

他坐在餐桌前面喝汤,神情很温顺。她坐在桌子对面看着他。

罗卡没有问过林畅从不离身的袖扣是谁送的,没有问过他为什么戴着一块永远不走动的手表,也没有问过他从什么时候开始使用某种男士香水。

同样,林畅也没有问过罗卡和谁学的做饭,曾经做给谁吃过。

他们都是带着满身故事和痕迹的人。

爱过人,被人爱过;受过伤,也给过别人伤痕。

很多时候不问,就是一种最大的宽慰与怜悯。

罗卡生日的时候,林畅带着她去海边看日出。凌晨时分,他们依偎在帐篷前面,裹着一张毛毯。罗卡把脸紧紧贴在林畅的颈肩处,海天相接处涌起带着温暖光芒的潮汐,她抬起头看他,他低下头吻上她的唇。只是紧紧地贴着,不带任何欲念,两个泪流满面的年轻人,努力地汲取着对方的温度。

"我们试一试好不好?"他问。

罗卡点头,紧紧环住他的腰。他比她还瘦。那天清晨,越来越明亮的海岸上,罗卡知道了林畅的故事。

林畅上大学的时候,远不是如今的英俊模样。他是个学霸,但是很土,戴着一副厚厚的黑框眼镜,白衬衫,黑裤子,帆布鞋。每天上课会固定坐在第一排,而每天上课以后才会匆忙跑进来的阿忆只能坐在他身边的空位上。

时间久了,他们像是成了同桌一般,渐渐的也能聊上两句关于天气的话。也是因为阿忆,林畅觉得"寒暄"这个词也变得极美。

没有人知道,学霸林畅也开始在上课的时候走神了。身边的女孩动一下胳膊，抬一下腿，都在他的周边产生了神秘的磁场，牵动着他的精神。可正如林畅确凿地知道自己动心了一样，他也确凿地知道阿忆不会喜欢他。

阿忆就是那种每个大学里都会有的漂亮女生，漂亮，而不好相处。性格差得要命，可异性缘却好得不得了，身边总是有很多簇拥者。她会选择追求者中最英俊的那个坏男孩，谈一场轰轰烈烈的恋爱。

阿忆的男友，是邻校的男孩，不大的年纪就已经在江湖上有了诨号，叫"机车小五"。每次在路上，小五身后都浩浩荡荡跟着一群人，一溜水儿的高大英俊却一身煞气。

他们每天飙车赌博，快意恩仇地过日子，通宵达旦地狂欢，根本不会去想明天在哪里，未来通往何方。可和这样的男孩恋爱，却是极其痛快的体验。

阿忆每天在小五的臂弯里，享受到的是比烈焰还要炙热的爱情。可她和小五在一起，也难免会遇到危险。

小五在圈子里惹了人，对方找了几个混混欺负阿忆。那天正逢阿忆和室友出门晚归，两个人被堵在小树林。室友被拖走，尖叫不止，刚好引来在图书馆待到闭馆时分的林畅。只能说瘦弱的书生也有英雄仗义的时刻,他用一身的血保护了阿忆的安全,但阿忆的室友却未能幸免于难。

那段时光,成了阿忆一生中最痛苦的回忆。她每天守在室友身边防止她自杀,室友没有怪她,可一双死寂的眼,还是让阿忆痛苦不堪。她与小五也分了手,因为她实在无法继续坦诚地走下去了。

除此之外,她每天都去医院照顾林畅。阿忆并不是懵懂的女孩,漂亮女孩对感情总是敏感通透的,不久,她就看出了林畅对自己的情意。林畅根本不顾什么江湖道义,趁着阿忆情感空虚,精神疲惫,就乘虚而入了。

等小五料理完外头的混乱扭过头来,阿忆已经是林畅的女朋友了。

林畅和阿忆的恋爱,对林畅来讲,是美好缱绻的初恋,对阿忆来讲,是安稳温柔的栖息。所以他们的恋爱,谈得岁月静好,人畜无害,两个人连过于亲密的举动都没有,反倒像相濡以沫多年的亲人朋友。

可只有林畅知道,他心里对阿忆藏着汹涌的爱意,只是他不敢表露,怕吓坏了她。

林畅想过毕业的时候就向阿忆求婚，他知道她不爱他，可他能给她一生坚贞不渝的守护。直到小五在一场街头械斗中失去生命，阿忆拿到了小五的高额保险金，她才明白自己在无父无母的小五心里也曾是全世界。她的心，也只为他跳动过。

阿忆和林畅是和平分手的。分手后不久，阿忆就带着小五的骨灰出了国，小五的爷爷奶奶在国外，她想带着小五去看看他们。

这世上的痴男怨女其实是相似的，怨憎会、爱别离、五阴炽盛和求不得。

03

有人说，这个世界上，没有治愈不了的情伤。你需要的只是足够长的时间和足够好的新欢。可其实这一切都需要一个非常重要的前提，就是你要先承认那段过去，虽然残忍，但是存在过，它让你成了现在的你。

你也许很会做饭，因为曾经的恋人有一个很刁钻的胃。

你也许擅长安排行程，因为交往过一个万事习惯依赖你的恋人。

你或许很讨厌水,但是你会游泳,因为你的前任喜欢阳光海滩。

你戴着一块已经停摆了很多年的手表,那是你的初恋离开你的那一天摔坏的,你想永远留下那一刻。

……

你身上带着数不清的痕迹,那是你过往的故事,每一个细枝末节,都将你打磨得更完美。所以,别因为疼痛就躲避它。你需要的是承认你爱过,痛过。

罗卡和林畅是朋友圈里标准的恩爱恋人。

他们记得住属于彼此的每一个纪念日,他们对待对方的方式温情脉脉,充满理解,他们无微不至地照顾着对方的身体,他们充满默契,对待生活永远有条不紊。

林畅的妈妈生病的那一年,林畅带着罗卡回了家。罗卡里里外外接待亲戚,照顾林妈妈,一句累都没有说,处处妥帖。林妈妈非常喜欢罗卡,拉着她的手,笑得温柔满足。

林妈妈做完手术,观察两天就回了家,前前后后,罗卡照顾了林妈妈整整一周。林妈妈病好了，罗卡却瘦了一圈。

两个人手牵着手一起走的时候，林妈妈追出来喊道："小卡，有时间就和林畅回来。"

罗卡转过身去，笑着摆了摆手，清脆地应了一声。

大雪地里，两个漂亮的年轻人，看起来非常般配。

罗卡和林畅坐在候车大厅里等车的时候，罗卡戳了戳他的肩膀，笑得格外温柔甜蜜。她靠在他的肩头，笑嘻嘻地说："我把你的胃药放在你床头柜里了哦。"

林畅不动声色地"嗯"了一声。

过了一会儿，罗卡又说："我口渴了，帮我买一瓶矿泉水好不好？"

林畅站起来，却没有马上走，他站定，低头看着罗卡，然后温柔地弯下腰，在她光洁的额头上印下了一个吻。

他没有说等我，她也没有说等他。

林畅买好矿泉水回来的时候，罗卡原本坐着的座位上，坐了一对陌生的情侣，正依偎在一起看电影。

人来人往的高铁站突然空旷起来，林畅像站在无人的平原之上，四面八方皆是呼啸而来的风。他把水瓶放在大衣口袋里，把衣领竖起来。

要乘坐的列车开始检票了，林畅走了过去，掏出车票，然后跟着人流走过了检票口，下电梯，走进列车里面。

他的人生开始了新的旅程，罗卡也是。

分别的时候别说再见，再遇见的时候不要相认。

他们是沉船溺水时相逢的浮木，仅仅靠在一起度过漫天的风浪。可上岸的时候，注定要分开行走。

怜悯可以用来守候，却不足以用来恋爱。

很多时候上帝让你们一起走一段路，是为了彼此的救赎。

那是罗卡和林畅的最后一次见面。

前男友的婚礼邀请函

松子睁开眼睛的时候,外面有凌乱的雨声。窗帘被吹起来,像飞鸟鼓起翅膀。三月阴沉潮湿的空气缓慢流淌到房间里。

松子一时有点恍惚,好像身后是巨大的潮汐,一种无法言说的念头想要破土而出,却找不到缺口。

她眯着眼睛待了一会儿,才起身将窗户关好,用力将窗帘拉紧。

门铃已经是第三次响起了。

松子抬头看了一眼,便低下头去看电影了。她没有订外卖,也没有买东西,应该是谁找错门了。可不一会儿,门铃响起的频率变得急促起来,伴随着"咚咚"的敲门声,一个男人粗犷的声音响起来:"有没有人在家?快递!"

松子从床上爬起来,走到门口,顺着猫眼往外看,确实是一个穿着某快递制服的男人。男人猛地把眼睛对上猫眼,松子吓了一跳。她轻轻打开门,只留了一个缝,防盗锁还连着。长久不说话,她的声音有点沙哑:"请问,有事儿吗?"

快递员把一个文件袋从缝隙里塞过来:"你的快递。"

松子疑惑地看了一眼,确实是自己的名字。她接了过来。

松子很久都没有动弹,她坐在床前的地板上,对着这封快递发呆。她不想打开它。

寄件人的名字是前男友,备注是请柬。

几番联想起来,这很有可能是前男友的婚礼请柬。

松子的前男友叫阿陆,是全世界最好看的男孩子。松子小时候看小说,里面有一句话是这样讲的——我喜欢的男孩有全世界最英俊的侧脸。松子看到阿陆,就明白了这句话的意思。

他在人群中，会发光呢！

不管在什么地方，再拥挤再喧嚣，只要有他，松子的眼睛就会像雷达一样迅速定位到他，这是只有爱情才能带来的特异功能。

阿陆曾经捧着她的脸，给她一个温暖的吻。他说，能够遇到她，爱上她，用尽了自己一生的好运气。松子就揍他，你的意思是说，你以后倒霉都是因为我吗？

两个人笑笑闹闹的，可心总是那么认真地爱着的。

可这么爱过的人，也变成了曾经。真扫兴。

松子是个资深宅女，目前为止已经有整整半年没有出过门。她每天拉紧窗帘，在这个 50 平方米的小屋子里，吃饭、看电影。她会接一些打字和校对的零活，也会在网上帮人家刷评论赚一点钱。然后买生活必需品，快递到家门口。因为吃太多垃圾食品，又不做运动。松子目前身高 163 厘米，体重 160 斤。

可不知道为什么，这两天竟然频繁的有人按响门铃。松子烦恼地在床上打了个滚，凌乱着头发去开门。门外站着一个高大的男人，看着很结实。虽然不是多英俊的样貌，但是笑起来显得很温暖。他打量了一下松子，好看的眉毛皱了起来。

松子微微挑眉。

看着她不耐烦的样子,男人又笑了,说道:"我叫K,刚刚搬进你隔壁,是个健身教练。过来跟你打个招呼,以后请多多关照啦!"

松子胡乱点点头,就要关门,对方忙推住门,然后从口袋里拿出一张卡片递进来,说道:"有需要的话可以联系我。"松子接了过来,把门狠狠合上。

晚上,松子洗完澡,不知道为什么突然想起来K先生打量她的眼神。于是她并没有着急穿上衣服,而是站在浴室里的镜子前面,细细打量了自己一遍,看完简直就想死一百遍。她已经记不清楚自己在家宅了多久了。曾经的小蛮腰大长腿,如今被一堆肉不留情面地藏得严严实实。

松子神情怏怏起来。是啊,她变胖了也丑了,如果她还像以前那么瘦那么美,大约早就有勇气打开那封请帖了,不会到现在连拆开都不敢。

松子十分仔细地看着手里那张精致的名片,正面是K先生的名字和联系方式，反面是能够接受的业务范畴：减肥，修身……

摆在她面前的左边是没拆封的文件夹，右边是K先生的名片。好像有某种契机在脑海里劈开，松子伸手拿起来那张名片，防止自己反悔似的，加了他的微信。

"喂，你睡了吗？我是你隔壁的邻居。在你这里健身，可以瘦多少？怎么收费？"

K先生在第二天早晨收到这条微信，彼时，晨光熹微，世界是一片清透的冰蓝色。他想起前一天见到的那张惊慌又警惕的脸，忍不住微微笑了。

他回复说："可以瘦很多，但是我很贵。"

松子忧愁地翻了翻自己的小钱包，认真地叹了口气。

K先生十分热爱健身这件事情，在他眼里，健身这件事情一直考验极限，突破极限。他对身体的掌控让他面对这个世界极有安全感。

于是K先生搬了家，在家里空出很大一部分地方，用来放置基础的健身器材。

松子进了K先生的家，忍不住捂住嘴巴惊叹。这简直就是一个小型健身馆啊!她在器材中间瞪圆了眼睛转圈圈,K先生轻笑道:"我可真喜欢你这副没见过世面的样子。"

松子这才觉得自己的表现太土了,立马收回了视线,看着他说:"那我们现在做什么,先跑步还是先做仰卧起坐?"

K先生拉住松子,先用软尺帮她量维度。对松子来说,这比称体重还让她不安。一个一个巨大的数字被写在白纸上,松子像被钉在耻辱柱上一样。她涨红了脸。

K先生没有因为这些事情嘲笑她,反倒是很认真地了解她的身体状况。当听说一年前她的体重还只有90斤的时候,他看着她的脸,送上了一个包含善意的笑容,说:"这张脸跟着你,真的是糟蹋了……"

原来健身教练K先生是一个毒舌男。松子十分认真地在心里给他下了结语。但她不知道的是,K先生的毒舌,只是初露峥嵘而已。

"保持呼吸!保持呼吸!呼的时候把你的赘肉放开,吸的时候把赘肉收起来。反了反了!你连呼吸都不会,过去的日子你是靠鳃活着的吗?"

"不能停下来，继续，你没觉得你浑身的肥肉都在惊恐地尖叫吗？你心疼了？你想和它们天长地久地在一起吗？"

"腰挺起来，腿不要抖，你就想着你要瘦。你没觉得自己现在皮肤面积大，连用身体乳都很费吗？"

松子每天被折磨得不成人形，还要被他的毒舌蹂躏着灵魂。每天回到家，都有种被倾轧了一万遍的感觉。与此同时，她家里所有的泡面、饼干、面包全部被收走了，每天的食物都是生菜叶和鸡胸肉。

松子饿得浑身发抖，终于在半夜晕了过去。

睁开眼睛，地板上是昏黄的光汐，风撩动着窗帘，泛着光影的涟漪。松子哼了一声，身边的男人站起来去给她端了一杯水，松子就着对方的手，喝了一口。眼看着水杯要被拿走，她迷迷糊糊地说："阿陆，我还要喝。"说完，如同晴空霹雳，她自己先愣住了。

K先生坐了下来，脸色如常，他把杯子递过去，用极其温和的语气说："喝吧。"

是他没完全顾虑到她的身体情况，才让她晕倒的。

松子一边一口一口地喝水,一边滴滴答答地掉眼泪,似乎刚刚喝下去的水,都从眼睛里流出来了。她只是安安静静地掉眼泪,并没出声音,这样反倒更令人心酸。K先生想不问都难,只能用尽温柔,安慰了一句:"别哭了。"

松子却抬头看了他一眼。那一刻她眼神格外清明,与之前懵懵懂懂的样子完全不一样。"你知道我为什么胖了这么多吗?"

K先生叹了口气说:"失恋了。"

陈述的语气不是猜测,倒像是结论。松子这才明白自己的失魂落魄是多么的明显。她苦笑了一下,重复了K先生的话:"是啊,我失恋了。"像是老渔民最后一次出海之后谈起大海的语气。生命里最眷恋的时光都已经过去了,只能用来回忆。

"我有过一个非常非常非常喜欢的人,他叫阿陆……"

松子和阿陆是在成语大赛上认识的,他们两个是最后的一组对手。由于旗鼓相当,针锋相对,他们彼此都记住了对方的名字。他们都骁勇善战,兴趣广泛,在辩论赛、桥牌赛等各种比赛中屡屡见面。

最后一次是一场多米诺骨牌比赛,阿陆的牌全部倒下,巨大的心形和告白让她当场晕眩。最后一张牌倒在她脚下,他走过来,将它捡起来，放在她的手心。

做我的女朋友好吗？

松子没有一点犹豫地答应了。

用尽这一生，她大约再也找不到这样一个人能够站在她的对面，和她形成对应完整的形状。他们是一个圆。

从来没有人见过那么合拍的一对情侣，在一起的日子不长，可默契十足。一个表情，一个眼神，就能明白对方的意思。他们有很多奇奇怪怪的暗语，还曾用自己发明的密码给对方写情书。他们爱得炙热发光，却从不疲惫。

直到大四毕业，他们决定结婚。

"后来呢？" K先生坐在地板上，看着松子苍白的脸。她愣了一会儿说："我不记得了。"

她的表情非常迷茫，也很痛苦。

一时间，K先生不忍再问。

松子太虚弱了，所以得到了两天假期。她没日没夜地睡觉，本就混乱的时间感变得更为混乱。不知道第几次醒过来，是因为外面的吵闹声。

这栋大厦一向很安静。喜欢睦邻友好的K先生实在是个异类。松子听着外面的喧嚣，躺了一会儿，大门就被"咚咚"敲响了。

"醒醒，松子，醒醒。"

"着火了！快出来！"

松子腾地坐了起来。洁白的大床上，松子胖乎乎的身体占据了大半江山。可光照进来的时候，却让人觉得她很虚弱。

"松子！快出来！"

敲门声越来越急。K先生是个好人，真的想要救她。

可松子一想到要出门，走出这栋大厦，心就被无以名状的恐惧攥住了。"不能出去，不能出去。"松子满心只有这一个念头。

可下一秒钟，门锁被砸开，K先生破门而入。

看到松子还坐在床上发呆，K先生怒火攻心，一个箭步冲过去就拉起了松子："跟我走！"

松子却不肯挪动一步。

她一只手被他抓着往外拖，另一只手紧紧扒着床沿。她憋着气喊："你别管我，你走吧。我不走！"

K先生只当她还在闹脾气，也懒得跟她废话，直接将一百多斤的重量扛在肩头飞快地往楼下跑。松子在他肩头对他又踢又咬，不停地挣扎扭动。K先生愤怒地一掌拍在她的屁股上，"别动！"他吼道。

松子突然就安静了，她发现再怎么挣扎，她也弄不过他。他的力气太大了。

到了楼下，大家都是一身狼狈，看着一个高大的男人背着一个胖女人下来，难免多看了两眼。于是，几乎所有人都目睹了这一幕，松子落地的瞬间，一个耳光落在了男人的脸上。声音特别响，连旁观的人都觉得疼。

K先生这才发现，她又安安静静地流了一脸的泪。

他压着火气，哑着声音问她："你知不知道，这是着火了？！"

松子眼睛亮得像两颗星星："是啊，可是你凭什么觉得自己有资格救我？"

火情不严重，只是浓烟太大。不过烧了顶楼的一个卧室和几件家具。大家一阵唏嘘，在警戒解除之后各回各家。

松子被拽出来的时候只穿了一件睡裙。此时的她已经被料峭春寒冻得瑟瑟发抖。K先生虽然恼她不知好歹，但到底觉得她还是一个姑娘，也有点可怜。他把外套脱下来，递给松子。松子却连头都没抬，越过他走了。

K先生这才意识到,这个胖姑娘,心里大约藏着一个很苦的故事。

这个世界上总有一些人,曲高和寡似的,永远独来独往,心里却藏着一盏苦酒,无人共饮,比如松子。可也有的人,生来就会与人相处,情商超高,比如K先生。

于是,K先生端着一个自制的黑森林蛋糕出现的时候,松子一点都不意外。只是她已经吃了好几天清汤寡水的蔬菜,面对黑森林真的是一点抵抗力都没有。眼前的男人笑得温柔无芥蒂,到底那天也是为了救自己,还被自己打了一个耳光。松子这么想想,实在没有勇气把对方拒之门外了,只好打开门让他进来。

两个人坐在地板上吃蛋糕。吃着吃着,K先生觉得闷,先说了话:"我这个蛋糕好吃吧,我跟你说不是我夸口,我做的黑森林真的是一级棒。"

大约是气氛太轻松了,松子没有防备,脱口而出:"谁说的啊,我的阿陆做的蛋糕比这个好吃得多。"

话落,又是沉默。

这次,反倒是松子先开了口,她抿了一口奶油,笑得十分满足。眼睛里透着欣喜的光,她说,阿陆求婚的时候,就是亲手做了一个黑森林蛋糕,因为她很喜欢。

其实并没有多好吃,可她还是一口一口全部吃完了,蛋糕下面的托盘中间有一个圆形的凹孔,一枚钻戒就在那里。

非常狗血的桥段,可因为是有情人的馈赠,松子当时就哭得稀里哗啦。

阿陆帮她戴上戒指,好像有很多话要说、很多话要问,可真的要他说出来的时候,反倒全憋在那里,一句话都说不出来。

他只灼灼地看着她,带着疑问。

松子伸手抱住他的脖子,哭着说:"傻瓜,我愿意!"

愿意陪你走过人生中漫长的岁月,无论贫穷还是富贵,健康还是疾病,无论是在人生的巅峰还是在低谷。只要你在,我愿前往;只要你来,我愿等待。

他没说的,她都懂。于是她说,我愿意。

"你们好像很相爱?"K先生问。

松子抿了抿唇,点了头。

"那为什么会分手呢？"

松子放下手中的盘子，冷冰冰地看了他一眼："谢谢你的蛋糕，你真的可以走了。"

K先生被赶出门外，还久久不能回神。原来女人心海底针，这个不管是什么体重，都是一样的。他一边摇头，一边把手里的叉子丢进垃圾桶，回了自己家。

两个人握手言和，松子的减肥大业自然还要继续。

大约是经过一段时间的相处，松子和K先生也渐渐地磨合出一些默契来。松子打定主意要去参加前男友的婚礼，更是咬着牙坚持。她本来就是个瘦姑娘，要再瘦回去，从体质上来说容易很多。不过一个月的时间，松子的腰线还真的出来了——100斤。

松子站在体重秤上对着K先生勾唇一笑，K先生送了她一个大拇指。

松子把微信拿出来，在K先生面前晃了晃余额的数字："这是我上个月兼职的工资。"

K先生哈哈大笑，一边摆手一边说："不用给钱啦，大家都是邻居。"

松子也哈哈大笑："谁说要给你钱了，我是让你帮我去买件衣服。"

K先生这才注意到，松子身上的加大码已经变成了boyfriend风。他点了点头："是可以买新衣服了，也有助于鼓励你继续保持运动的习惯。"

"要买贵的、好看的，我要参加他的婚礼。"松子认真地看着他，提出要求。

K先生这才明白，原来那个很爱很爱的阿陆，已经要娶别人了。面对松子的嘱托，K先生郑重地点了头。

没两天，衣服就拿回来了，一件小黑裙，上身是披肩荷叶袖，下身是包臀鱼尾，虽然没有她最瘦的时候美，可也摇曳生姿，十分好看。

K先生一边摸着下巴一边说："你看，我就说减肥的效果等同于整容嘛。可惜没给你留下对比照片，要不然又是我的摇钱树案例一枚啊！"

松子却好像没有听到他的调侃，径直回了家。

松子怀里抱着裙子，颤抖着双手打开了那封请柬。红色的封面上印着时间和地址，打开应该就能看到阿陆和他的新娘。她却还是没有勇气打开。

日期,就是明天了。

竟然没有错过,此时此刻,松子不知道是该高兴还是难过。

第二天很早,松子就起床了。

她洗了澡,吹干头发,穿上小礼服。腰没有以前那么细了,但腿到底还是长的。她从柜子里找到了一双黑色高跟鞋穿在脚上。然后对着镜子细细地化了一个妆。阿陆很喜欢她这支橙红色的口红,所以每次约会,她都用这支口红,那么就算是一场道别吧。

准备出门的时候,松子看到门口西装革履的K先生。他看着她吹了声口哨,十分轻浮的模样,说:"美丽的小姐,不管你今天去哪里,我都愿意做你的骑士。你愿意给我这个荣幸吗?"

松子想了想,还是点了头。

当她走出公寓大门的时候,脑海狠狠闪出一道白光,然后倏地消失。

但她知道,她总是要走出这扇大门的。

婚礼在这座城市最有名的酒店举办。可见阿陆还是用了心的。

婚礼现场布置了很多鲜花，从签到台到走廊，全部都是白色的玫瑰花。

这是要倾家荡产吗？松子看着阿陆对着别人的心，心里到底还是一片酸涩。

"难受吗？"K先生在一旁问道。

松子咬了咬牙说："没事儿。"

她走进礼堂，然后看见豁然开朗的一片光从玻璃屋顶上面洒下来，如同置身深海之下。礼堂里已经坐了一些宾客，松子看过去，看到了阿陆，还有他们的亲朋好友。

松子尖叫一声，一个人瘫软在礼堂中央本该两个人执手走过的花道之上。

松子和阿陆的恋情，其实很不平衡。虽然两人都好战，可阿陆本性温软，松子却是十足的攻击属性。两个人在一起，几乎是一边倒的状况。所有的事情都是松子一个人决定，阿陆在一边笑着附议，连婚礼也一样。

松子特别喜欢一生家的限量捧花，寓意非常浪漫，一生只为你捧一次花。每次放出寥寥几个名额，都要靠抢才能得到。

那天，松子终于刷到了新的抢购，疯了一样催着阿陆去店里预订。不料，阿陆走出那扇门后，就再也没有回来了。

仿佛不走出去，阿陆就还活着，哪怕是和别人在一起。

她编了一个巨大的谎言，把自己藏在茧里。

跌落在地上的请柬摊开来，照片里笑得甜甜的两个人，正是松子和阿陆。

松子哭得撕心裂肺，像是草原上失去伴侣的狼，尖声呼啸之后，余生只有孤独。

每一声，都带着血。

原来，阿陆死了，依然爱着她。

松子被送进了医院。由于长期以来生活不规律，大强度减肥，精神打击，她的身体出现了很多状况，甚至已经闭经。医生要求她住院观察。

K先生手捧玫瑰来看她，消毒水的味道灌满感官，这种感觉太差了。松子就那样神情安静地坐在病床上，看着窗外的树影。

"嗨，松子。"K先生坐在她的床边。

松子扭过头，她的肤色原来那么白，几乎要透明了一样。

K先生这才意识到自己不合时宜的心疼。原来那么关注她，不是因为好奇。

松子笑了，说："谢谢你来看我。"

K先生轻轻握住她的手说："美丽的小姐，不管你今后去哪里，我都愿意做你的骑士。你愿意给我这个荣幸吗？"

他的态度、语气、眼神，都很认真。

松子看了一会儿，又笑着说了一声"谢谢"。

K先生只有叹气。

时间一天一天地过去，松子却再也没有回到那个公寓。K先生每天下了班，在松子家门口安静地抽完一支烟，然后回家。

他的生活里只剩下两件事情：一件是思念松子，另一件还是思念松子。

往年漫长的夏天似乎变得更加冗长，似乎看不到尽头，可到底也会过去。第一场秋雨降临的那天，K先生回来得比往常早一点，电梯门刚刚打开，他就嗅到了不一样的味道。

他心跳加速，快步走了过去。

松子家的门开着，他站在门口，不敢动弹，怕这是一场梦。

然后，他看到松子穿着围裙哼着歌走了出来，手里端着一只瓷盅。她瘦了很多，白生生的小腿露在围裙外面，像一对莲藕。原本的黑长发烫了轻微的卷，被她束在脑后。面色很好，还化着淡妆。

还是松子，却不是之前的松子了。

她看到 K 先生，笑了。

K 先生结结巴巴地问她："你回来了，不走了吧？"

松子笑得露出两颗尖尖的虎牙，点了点头。

前男友的婚礼邀请函，收到了请一定出席。

因为你要对他告别，对往事告别。

假如你爱上一匹野马

有一天爱上痞子一样的姑娘,你要和她一起去喝最烈的酒,开最快的车,过最风光的日子。

如果你哪天想要过安稳的生活,就松开她的手,话也别留地离去。

因为她不属于你,只属于风。

01

A 小姐是我的故事里我最喜欢的姑娘。

并不是谁都能当得起这个 A，承担着所有故事的初衷，带着麦芒一样的尖锐光芒。

严格的意义上来讲，A 小姐并不是个好姑娘。

一头短发染成了酒红色，戴着七颗耳钉、一颗舌钉。吸烟，喝酒，常年混迹在各种夜店里。彻夜狂欢之后，疲惫地回到宿舍里睡两个小时的觉，再抱着一堆书跑去上课。

她从不缺席任何一堂课，成绩极好。这也是为什么她如此特立独行，却没有人频繁规劝的原因。

没有同性喜欢她，却有很多异性将她当成哥们儿，愿为她赴汤蹈火、两肋插刀。再自私的男孩子，也愿意为她讲一讲江湖义气。

她穿着皮衣长裤马丁靴，骑着摩托在校园里呼啸而过的时候，不得不说，我的心里是很羡慕她的。

我不羡慕家里有钱的姑娘，也不羡慕长得十分美丽的姑娘，可我羡慕A小姐，野生野长的自由天性像是这世上没有她去不了的地方，没有她做不成的事情。

可你活得越灿烂，当你跌落谷底的时候，就越惨淡。

A小姐的男友，也是机车圈里数一数二的好车手，凌晨时分，他们相约在无人的马路上飙车。男友喝了酒，车速过快，在一个拐角的地方，失控撞上路边的护栏。人被甩了出去，躺在十字路口明亮的街头，再也没睁开眼睛。

因为这件事情，学校里开始整顿学生夜不归宿的事情，每晚都有人来查房。

与此同时，A小姐亡故男友的父母，每天抱着遗照来学校哭闹，他们骂学校没有管好他们的孩子，更愤恨一身朋克皮衣的A小姐，把他们好好的儿子带坏了，最后走上了不归路。

A小姐依旧每天风雨无阻地去上课，路上被一对悲伤愤恨的老人拉扯着打了耳光，推搡在地上。她不还手，只任他们发泄。直到两个老人被搀扶着拉走，A小姐拍拍身上的土，继续往教学楼走去。

就是这样，她走错了教室，却因为太累了，没有站起来离开。

我晚到了一会儿，只剩 A 小姐身边一个空位。

看到她一身狼藉，我掏出包包里常备的创可贴，递给她。

A 小姐说了声"谢谢，不用"。

任由脸上的伤混了土，成了一块暗红的色斑。

台上的老师在认真地讲课，因为是公共课，大部分人都是为了修满学分，教室里也没多少人在认真听课。

我掏出一本小说看，过了不知道多久，A 小姐问我："你认识我吗？"

我侧头看过去，没办法否认，只得点了点头。

她笑了，满不在乎地问："你觉得我是个坏女孩吗？"

我实在不敢相信她会问这种问题，有点无言以对。A 小姐又笑了，说："你就当我在发神经。别理我！"

不知道是她萧条的语调，还是低沉的神情刺激了我，我说："我很羡慕你。"

她转过头讶异地看了看我，最后问我："你叫什么名字？"

就此，我们算是相识了。

A小姐亡故男友的父母，在那以后也终于不来闹了。

任谁也没办法在这件事情上分清楚对错。那么严重的事故之后，大家本以为A小姐会就此沉寂下去，却没想到，没多久的工夫，A小姐又恢复了以往通宵达旦夜夜笙歌的日子。

多多少少有人为故人不值，可A小姐依旧我行我素，时间长了，也就没有人说什么了。

只有我，总是在早晨起来的时候，看到凌晨收到的未读短信。

A小姐说："怎么办？我想他。"

她并没有那么薄情，只是把深情藏在了面具背后，用满不在乎的样子掩饰着满心的伤痛。

02

很多时候，人和人的相逢要恰逢其时。

谢临安是邻校的学生，比A小姐还要高一年级，但因为家庭关系，一直勤工俭学。当时大学城有一家很有名的私家菜，生意很好，老板开了外卖，谢临安从大一一直做到了现在。

他第 31 次给 A 小姐送餐的时候,把套餐多余出来的一个橘子塞了进去。看着一脸迷糊的 A 小姐,他说:"如果一定要吃外卖,可以订套餐。有水果。"

A 小姐瞪大眼睛看着他,"扑哧"一声笑了。

那是男友亡故以后,A 小姐第一次真心的笑。后来,她就真的订了套餐。

又过了一个月,谢临安来送餐的时候,对 A 小姐说:"因为销量好,老板给我涨了工资,我请你吃饭吧。"

A 小姐跟他已经很熟了,就笑道:"是因为我订了套餐吗?"

谢临安认真地点头:"我上个月向 50 个同学推销了套餐,有 20 个同学接受了我的建议。老板很高兴。"

A 小姐哭笑不得,竟然真的回去换了衣服,坐着谢临安送餐的小电车,跟他出去吃烧烤。

吃烧烤的建议是 A 小姐提出来的。她订的套餐就交给了谢临安解决。

A 小姐一口啤酒一口香辣烤翅吃得正欢,谢临安却把水果递过来:"太辣对身体不好,吃点水果吧。"

A小姐全不在意地玩笑道:"你干吗这么关心我,喜欢我啊?"

他们一群人玩得太开了,通常A小姐这么说完以后,对方一定会呸她,然后骂她自作多情,可谢临安却通红着脸消了音。

A小姐终于松开嘴里的烤翅,瞪着他不说话了。

谢临安抽出两张纸巾,擦掉A小姐嘴边的孜然残渣,轻轻地嗯了一声。

A小姐终于认真起来,她放下手里的食物,对他说:"我们不合适,我不是个好姑娘。"

谢临安却因为她这句话急了起来:"你是个好姑娘,谁说你不好了?"

A小姐知道谢临安这种男孩,性格稳当认真,说了喜欢就是真的喜欢。她不想耽误他的时间,他们全无可能。她将一杯满满的扎啤放在谢临安面前,说:"想追我?先喝了它。"

她想让他知难而退。

谢临安看了看她,端起酒杯,仰头就喝。

一杯酒下了肚,从不沾酒的谢临安脸红得要命,却咧开嘴朝她得意地笑了笑:"我可以追你了吗?"

说完话,扭头就吐。

03

A小姐从此多了个跟班。

她知道喜欢一个人的心情,也多少次义正词严地拒绝他。可谢临安仍不改初衷,每天结束了兼职工作,就站在A小姐楼下等她出门。

除此之外,他还会零零散散地给她带礼物,像是一只松鼠看上了另一只松鼠,会把最大最好的松子给她。谢临安会利用工作之便,把最漂亮最大的那颗橙子给她。有的时候水果卖光了,他会带一包奶糖或者一罐橘子汽水,有一次甚至带了一包干脆面。

A小姐哭笑不得。

可每天晚上坐在电脑前面一边看剧一边吃干脆面的时候,"咔嚓咔嚓"的感觉竟然还不错。A小姐一直沉郁紧张的心情稍稍松弛开来,可她立刻就察觉到了不妥,谢临安这是温水煮青蛙,想细水长流地拿下她。

A小姐存心让他放手,就又想了个主意。谢临安不安地坐在摩托后面，风驰电掣里，他不得不抱住A小姐的腰。A小姐穿着皮夹克，裹着细细的腰，实际很性感。可他抱在怀里，却心无邪念，只觉得心疼。

目的地是一家情调很不错的夜店，没有震耳欲聋的音乐，A小姐坐在一群朋友中间，苦恼地说："我该怎么办啊？"

众人看向坐在角落里认真对着平板看课件的谢临安，一阵哄笑。

"喂，要不然你就从了吧。"

也有人坏心眼地调侃她："奶糖都吃了，还不负责任啊？"

A小姐就捡起一个抱枕狠狠丢过去。

当天晚上，A小姐带着谢临安去了男友出事的那个十字路口。

她把车停在一边，然后躺在十字路口中间，四肢摊开，看着天空。谢临安急得不行，一直拉她的手，让她起来。

A小姐哈哈大笑，一边笑一边却流出泪来，这是男友走后，她第一次来这里，也是第一次哭。

她说："我找到他的时候，晨光熹微，他躺在微凉的空气里，像是睡着了一样，可我怎么都喊不醒他，怎么都拉不起来他。我特别想知道的一件事情，其实是他躺在这里的时候，在想什么。

会不会想起我,会不会特别疼。"

A小姐哭得满脸泪水,谢临安心疼地坐在一边,拉着她的手,听她絮絮地讲他们的故事。

同样骄傲的一对男女,一场势均力敌的桌球赌博。

球打完了,他却把她的钱放进了她的上衣口袋,要走了她的一个吻。

她坐在他的摩托车后座上,穿越这个城市沉沉的梦,他承诺她,毕业以后,他们就去流浪,用一辈子的时间去丈量这个世界的距离。

他是她冷淡了20多年的生命里最炙热的感情。

谢临安最后温柔地把她揽在怀里说:"没关系啊,你累了,总要有人来陪你。那就选我吧,好不好?"

A小姐在模糊的泪眼里,疲惫地点了一下头。

那么长的日子里,所有人都在指责她的无情,没有人问她疼不疼、累不累。

只有眼前这个人,会介意她没有吃水果,为她喝下一杯苦涩的酒,陪她在清冷的夜里,坐在这个孤寂的街头,给她一个怀抱,说愿意陪她走。

04

很多人都劝谢临安不要做糊涂事。

他跟A小姐是瞎子都能看出来的不匹配。一个踏踏实实的好学生，除了学习，就是勤工俭学。生活里无风无浪，毕业以后找个安安稳稳的工作，一辈子的生活就能看到头了。

A小姐呢，是个女痞子，除了成绩好点是为了避免有人找她说教，其他的都是不学无术，成天吊儿郎当，除了疯就是疯。谁也不能理解，谢临安为什么要和A小姐在一起。

可我知道，A小姐其实也为谢临安努力过。

比如，谢临安坐不惯摩托车，他们也曾一起坐着公交车，摇摇晃晃两小时，才到了跟朋友约定的桌球厅。A小姐也因坐公交车去过夜生活的事情，被一群朋友笑了大半年。

A小姐也会在吃饭的时候，把辣的放在一边，先吃蔬菜。甚至连酒也喝得少了。

谢临安对A小姐也非常维护，他听不得任何人说A小姐不好，也竟然无意中吐露了喜欢上A小姐的原因。

A小姐被亡故男友的父母扭打在地的时候，只有路过的谢临安看到了那一幕——A小姐用自己的身体垫住了跌倒的老人。

他叫人一起拉开两位老人的时候，只看到她萧索的背影正在寂寥地离开。

直到后来，他忍不住塞给她一个橘子。

原来他早就出现过，在她不知情的时刻为她解了围。

在所有人瞠目结舌的注视中，他们走过了大学最后的日子，毕了业，一起留在了这个城市。谢临安的工作是大部分人都听不明白的股市操盘手，我猜测大约就是帮投资者赚钱的人。他憨厚的性子下面，其实有着非常聪明敏锐的天赋，他做得很好。A小姐呢，在杂志社工作，偶尔出去采访，两个人租住在相邻的两间房子里，这还是谢临安主动提出来的。

两个人的小日子平淡温馨，也是能看到结局和未来的模样，直到谢临安的妈妈来看望他。谢临安是单亲家庭，小时候爸爸见义勇为去救掉下冰窟窿的小孩，孩子救上来了，爸爸却没了，当时他妈怀孕不过三个月。

妈妈原本可以不生他,也原本可以再找个人嫁了。可妈妈坚定地把他生下来了,也没有再改嫁,她怕再找一个人会对谢临安不好。于是妈妈坚持一个人把谢临安抚养长大。在谢临安心里,这个世界上最重要的人,就是妈妈。

谢妈妈要过来,A小姐还特意买了一件非常适合见家长的连衣裙。可一见面A小姐就知道,谢妈妈不喜欢她。不喜欢她过于红的唇,不喜欢她太灵活的眼,不喜欢她强势又笃定的微笑。女人有时候还是要靠另一个女人来下定语才能入木三分——

当天晚上,谢妈妈拉着谢临安的手说:"儿子,这姑娘,你降不住。"

谢临安就笑:"妈妈,什么年代了,哪有谁降住谁的说法了?她对我就听她的,我对她也会听我的啊。"

谢妈妈看着儿子情根深种的傻样子,突然就明白,自己说什么也没用了。第二天,谢临安去上班了,A小姐特意请了假陪他母亲。谢妈妈对A小姐说:"姑娘,临安这个孩子,认定了什么就是什么。他是真的把你放心上了。可我看你第一眼就知道,你不是个能在小地方过小日子的人。我也不是那种老古董,不安分也没有什么不好。只是作为母亲，我想拜托你，如果你想好了跟临安踏踏实实过，阿姨祝福你们。如果你没想好，就早点下决定，别让临安太难过。"

A小姐了然地笑道："我知道了，阿姨。"

"对不起，你是个好姑娘，只是我们临安配不上你。"最后，谢妈妈黯然地说。她是个老派人，什么情情爱爱的她懂得不多，可是她知道什么马配什么鞍，两个人在一起一辈子，很多时候热情消散了就只剩下争吵，这时候才明白什么叫作"合适最重要"。不是谢临安降不住A小姐，也不是谢临安配不上A小姐，只是谢临安不适合A小姐。老人一辈子冷冷清清、辛辛苦苦，世情见得多了，不过一眼就看出了他们的不适合。

谢妈妈住了半个月就回了老家，两个人回到了从前的二人世界。虽然看起来什么都没变，但谢临安还是隐隐约约觉得不安。A小姐从前对他的笑容天真坦诚，如今却多多少少带了一点安慰的意思。

此外，A小姐已经很久没有混夜场了，这段时间却又开始早出晚归。她说有个学长开了一个摄影工作室，是个小二层，楼下弄了一个露天咖啡厅。他们一群人没事儿就会去聚一聚。

谢临安从来不会约束 A 小姐，他只是铆足了劲儿去工作，直到最后一笔提成到账。他总算是攒够了买房子的首付，可是当他单膝跪地向 A 小姐求婚的时候，A 小姐却没能伸出手说出那声"I do"。就在这时，她提出了分手。

谢临安不是没想过挽回，他使出了浑身解数，哪怕是刚刚追求 A 小姐的时候，也没有这样辗转反侧过。可 A 小姐始终无动于衷。

"如果你觉得太早了，我们晚点结婚都可以啊。我是想告诉你我的态度，不是在逼婚。"谢临安坐在沙发上，一脸颓唐。

A 小姐在卧室里收拾行李，她侧脸冷漠，像是对待一个从没见过的陌生人，而不是相濡以沫那么久的男朋友。

面对着这样的 A 小姐，谢临安真的无从下手。

A 小姐把这些故事讲给我听的时候，已经是她临行前的最后一天晚上。我们窝在 24 小时咖啡厅的角落里，喝着热热的洛神花茶。

她看着红色的茶水，问我："你猜，这个世界上有没有忘情水？"

"怎么？想给自己喝，还是给谢临安？"

"当然是给谢临安。"

"说真的，有没有那么一个瞬间，你是真的想过安定下来，跟谢临安过一生一世的小日子？"

A小姐静默了很久才轻轻笑了，那个笑容落寞又难过："我也没想过，自己会入戏那么深。"

她想过，也贪恋谢临安给她的幸福，伸出手就能抓到，踏踏实实的幸福。可她知道，那不是她最终的归宿，正如同谢妈妈说的，如果她对谢临安还有一点感恩和喜欢，能为他做的最后一件事情，就是早点放手。

"所以啊，"A小姐一边喝茶一边掩饰自己的鼻音，"我其实是失恋的那个啊。"可最后，我还是看到她留下了一滴眼泪。

也许恋爱就是两个不适合的人也能凭着感性相互扶持走一段路，可婚姻却是一生一世的承诺。

A小姐终究还是要承认，她给不起。

后来的后来，我想过很多次，如果没有谢妈妈的到访，是否A小姐就会这样过一辈子。可作为一个母亲，她不愿意儿子去赌一份幸福，也如同A小姐的选择，正因为她是真的对谢临安有了感情，才不愿意给他一份没保障的爱情。

因为在乎，所以舍不得让他有一点全盘皆输的可能，这是她给的恩慈。

05

听说，A小姐背上了相机，一个人走上了流浪的路。

三年后，谢临安娶了一个幼稚园老师，生活平稳而幸福。他常年订阅的旅行杂志上，有一个非常有名的专栏作家，在他结婚的那一天，她写着——你总要感谢一些人，哪怕明知道没有结局，也愿意给你希望，陪你走过最难挨的时光。

可你好了起来，你能做的就是离开他。

这不是忘恩负义、过河拆桥，而是把他原本应该拥有的生活还给他。

不二知道你爱过我

她是你最美的人鱼公主。

你明白她会一直等你,为你歌唱。

01

我从来没有和谁分享过的经历,是我大二那年极隐秘地交往过一个男友,我叫他木糖醇。

木糖醇是我在校内网上认识的,对,那些年,校内网还叫校内网，不叫人人网。每天有很多大学生在上面晒生活，木糖醇就是其一。

木糖醇嘛，就是又甜，又不会叫我长胖。他也是，他是我认识的最风光的男生，刚刚毕业，在水族馆做饲养员。每天潜水去和不二玩。不二是一只乌龟，它很喜欢木糖醇。这样的木糖醇让我痴迷，甜到发晕。

可我呢，当年的我，连先涂睫毛膏还是先涂眼影都不知道，到了商场苦恼找不到一条足够显瘦的裤子。根本原因在于我不够美丽，并且不够清瘦。但我也有过清汤挂面一样可人的16岁，16岁出去旅行，在海边露着一双白花花的大长腿，清纯又漂亮的背影，被妈妈拍了下来。这张看似女神的照片，撑起了我所有的虚荣。

说到这里，大约已经有人猜测到我能够成为木糖醇女友的原因了——我藏在那张背影身后，伪装成了配得上他的样子。

那时候最热的文艺活动是摄影。一个颜值颇高的男生，背着单反到处拍照，无疑对我这种生活平凡无奇的小姑娘有着超高的吸引力。

我在他的每张照片下面评论，渐渐的，他也会给我的说说点个赞。就这样过了大半个学期,我们成了彼此互动最多的好友。木糖醇加了我好友,给我发了私信。

他说:"嗨,你好。"

我说:"嗨,你好。"

当时的我,读着张爱玲,看着简嫃,最喜欢的男星是梁朝伟,最爱的女星是郝蕾。每天听的是李志,穿的是亚麻长裙帆布鞋。

我眼里的木糖醇,英俊温柔,光芒万丈。木糖醇眼里的我清新文艺,是个真女神。

有时候,木糖醇会说:"我来帮你拍一组照片好不好?"

我会笑嘻嘻地拒绝他,说:"不要啊,我不上相。"

我当然不能让他来见我,戳穿我美丽的西洋镜。我们就这样慢热地交往,他开始给我打电话。很多个夜晚,我蹲在走廊里,夜晚的凉风冻麻了我的腿,心底却氤氲着炙热的温度。他温声细语地说,我轻轻地嗯。

走廊里非常安静,声控灯在我的声音里,稀稀落落地亮起。

圣诞节的晚上,木糖醇问我:"你愿意和我交往吗?"

我求之不得,却只是矜持地回复了一个"嗯"。

他没有找我要过照片,我曾想,大约是文艺青年都有的病,觉得如果表现得特在意外貌，就会显得很肤浅似的。但是心照不宣的是，谁不在乎脸？美女披麻袋都是美女。我深信我和木糖醇会是见光死的那种网恋情侣，所以坚决不肯与他见面，也没有主动发过正脸照。

这样就很好了，我对自己说。

同一年的暑假，木糖醇说有了假期，要去青岛吃海星，约我同去。我说我要回家伺候太后，不去了，要他每天发一张照片给我。为了防止被发现真身，我还专门去注册了一个新邮箱给他。木糖醇给我短讯："我们什么时候才能见面？"

我想了想，回复他："大雪满枝头，我在灯下等你。冬天第一场雪的时候，我去见你。"

木糖醇非常开心。他说，等漫长的夏天结束以后，秋天短得看不见，很快就能见到第一场雪。

其实我骗了他。我知道他的行程，也背上行囊，伪装成一个同路人，与他走着一样的路。漫长的夏天也好，短暂的秋天也罢。我不想让他看到我不够美丽的样子，第一场大雪的日子，就是我离开的时候。

火车上，我的铺位在他的背后。不知道为什么，轰隆隆的声音里，我依旧能够清楚地分辨出他的动静。木糖醇比我想象得还要英俊，又瘦又高，穿白色上衣和牛仔短裤、干干净净的黑色帆布鞋，背一只黑色的斜挎包和一只黑色相机。

男孩子特有的清爽，像凌晨四五点的第一缕风，带着露水和晨曦的气味儿。

我更喜欢他了，一路跟着他，我看到他拍屋子、街道、海水，看到他拍马路上散步的猫和公园里相互依偎的情侣。

他镜头里的世界，我都通过邮箱一一看到了。这种感觉很奇妙。有时候他经过我，大约觉得我很眼熟，会礼貌地浅笑示意。同在异乡遇到的多了，木糖醇问我："你也是来旅行的吗？"

我盯着他的眼睛说："是啊，我喜欢的男孩在这个城市。"

木糖醇笑得很甜蜜，他说："真希望有一天，我能带着我喜欢的女孩一起来。"

我特别特别想问他的是，那一刻，你笑得那样甜，是因为想到了我吗？

我和木糖醇结伴而行。他告诉我，他有一个特别可爱的女朋友，总是神经兮兮的，特别鬼马。但是太笨了，总是看起来令人很担心的样子。是这个世界上，与他契合度最高的人。每天他们都会说很多很多话，但是有时候什么都不说，也能理解彼此的意思。

他在南方小镇，而她在北方城市，他们的距离隔着天南和海北。但是总有一天，他会走到她的面前去。

我听着笑着，真希望他说的能实现，可怎么办呢，我不是网上的样子，我不够清新也不够漂亮。我只是最最平凡的一个姑娘，一副配不起他的模样。

02

离开青岛之前，我们曾经被突如其来的大雨滞留在一个咖啡店里，那个店叫作"海边的猫与咖啡"。店里养了五六只猫，听着淅淅沥沥的雨声，都窝在无人的椅子上睡觉。只有一只戴着铃铛的黄色大猫，不厌其烦地去抓玻璃外面的雨水，眼神中充满憧憬。

它够得是那么用力，让人不忍心嘲笑。

木糖醇一边看着外面的雨,一边问我:"这次玩得开心吗?"

我点头:"开心啊。"我认真地看着他,不忍错过任何一眼,"你是在水族馆工作的吗?"

木糖醇笑了:"你怎么知道的?"

"你的背包。"我指了指他背包上的一个铁牌,看起来像是某水族馆的工作人员臂章,但真正原因,是我真的特别想面对面地听他讲一讲坏脾气的不二,"所以,我猜你是在水族馆工作的啊。"

木糖醇点了点头:"我是饲养员。"

"可以讲讲吗?在水族馆都要做什么啊?喂企鹅,还是乌龟?"我努力牵引着他的话题。

木糖醇打开相机,给我看不二的照片,他笑着介绍:"这是我负责饲养的乌龟,叫作不二,是我的好朋友。可惜不二脾气太坏了,不开心就会咬我。"

照片很多,在他指尖的滑动之间,我似乎真的看到了一个坏脾气的不二先生。我忍不住笑出了声。就在这时,我看到了一个非常漂亮的姑娘,她长长的头发如同水藻一般堆在肩头,靠在木糖醇的肩膀上,美目耀耀。我忍不住询问:"这是……"

木糖醇看了看，口气很亲昵："这是美人鱼啊。"

"啊？"我瞪大了眼睛。

"是在水族馆里做人鱼表演的美人鱼，很漂亮吧？她是我们水族馆最漂亮的姑娘，可惜脾气跟不二一样坏。"

照片里的她抱着木糖醇的胳膊，背后是一片深蓝色的水色。她笑得很温柔，一点看不出来木糖醇说的坏脾气。

他们看起来可真般配啊。

青岛之行结束了，木糖醇先一步踏上归途，我说我要等一个朋友，留在了青岛。

那天傍晚，我拎着泳圈，坐公交车去海边踩浪花。

天边的夕阳落在了山的后面，坠入海水。有人用相机拍了一张我的照片，我看了以后，忍不住哭了。对方一直道歉，说会删掉这张照片，请我不要介意。我却请他发到我的手机上，我要清楚地记得，自己因为不够美好，才没办法去抓住这份看得到的爱情。

回去以后，我再也没有联系过木糖醇，我注销了所有的社交账号。我每天都会催眠自己：你没认识过一个英俊如同神祇的男孩，他笑起来的样子像个天使。

直到一年后的某一天，有高中同学要组织聚会，说将地址发到我的邮箱，我一时着急，竟然把给过木糖醇的那个邮箱地址报了过去。而当我查看的时候，却忍不住泪流满面。

里面躺着三封落满尘土的信，是时光的洪荒，溯流而上。

第一封，是同学聚会的通知。

第二封，来自木糖醇——

大雪满枝头，我没有等到你。

第三封，来自木糖醇——

我找了你很久，始终不知道你为什么要关闭掉所有的联系方式。我们一直玩得很开心啊，如果因为什么事情产生了什么误会，说出来，给我解释的机会。

第四封，来自木糖醇，这是他发到我邮箱的第一封邮件——

你笑得真开心呀，你想玩捉迷藏，我就陪你好喽。

下面有一张照片，是当年在青岛的我，在公交车上与他隔着一条过道，靠在车窗的样子。我假装在看风景，实际上是在看玻璃上映着的他。

原来他早知道是我，原来他喜欢的真的是我啊。

我颤抖着手指，拨通了那个尘封已久，却始终没办法忘记的电话："喂？"

电话那头的声音，还是一样温柔："喂……"

我终于在大雪来之前，奔赴了那个时隔已久的约会。

木糖醇不是一个人来接我的，和他一起的，还有美人鱼安苏。安苏坐在轮椅上，瘦了一点，可还是一样的美丽。木糖醇扶着她的轮椅，却被她一把推了出去："快去啊。"

木糖醇跟跄了两步，却还是坚定地站在了她的身后，如同一个抉择。他看着我笑，还是一样的温柔好看："你来了啊。"

晚上，木糖醇把安苏送回了家，拎着一打啤酒来找我。我们坐在民宿的屋顶上喝酒。我们并没有说一句想念彼此的温存话，没有问一句关于曾经的为什么。木糖醇只是安静地喝完了一瓶啤酒，然后给我讲了安苏的故事。

安苏打小就喜欢木糖醇，很喜欢的那种。木糖醇上了哪所学校，安苏都会紧随其后；木糖醇有了什么新的爱好，不久之后安苏也会是个中翘楚；直到木糖醇违背家人的期望，去水族馆做了一个饲养员,安苏也放弃了国外留学的机会,去了水族馆做了一个美人鱼,她每天穿着人鱼衣服,泡在低温的水里,别说学了那么多年的专业没有了用武之地,连身体都受到了影响。

可安苏每天都能看到木糖醇了,她甘之如饴。安苏对木糖醇的喜欢那么炙热坦诚,木糖醇不会不知道。可他对她,是真的没有一点男女之情,只能一直装糊涂。直到他快乐地告诉她,他喜欢的姑娘会在下第一场雪的时候来到他身边。安苏当时真的想过放手。他那样的雀跃和期待,像是一把刀,先伤了安苏的心。

安苏办好了离职,同意了家人的安排,去相了亲,也去应聘了新工作。木糖醇却失魂落魄地回来了,于是所有的计划全部化为泡影。木糖醇借酒消愁,安苏就一宿一宿地陪着他,直到一次意外,安苏拼尽全力把木糖醇推了出去,自己被砸在了巨大的招牌下面。

破碎的霓虹灯下,埋葬了木糖醇尚未成灰的期待。

木糖醇只能和安苏在一起,他对她的心疼在乎不是假的,也许没有心动也可以相安无事地过完一生。

"你知道吗？安苏做美人鱼的时候，人气特别高。"木糖醇醉眼蒙眬地笑了。我突然想起来当年他对我说"她是我们水族馆最漂亮的姑娘，可惜脾气跟不二一样坏"的亲昵语气，悲伤汹涌而来。我们两个人，在晴朗无云、漫天星光的夜空之下痛痛快快地哭了一场。

第二天，木糖醇和安苏在家里请我吃饭。我第一次在现实生活中见到《一个叫欧维的男人决定去死》里那种低很多的料理台。安苏有点害羞地收拾着手里的食物，在这个温馨的家里，她是毋庸置疑的女主人。

安苏手艺很好，但是因为南方的饮食习惯，菜品偏甜，我有点不习惯。可这并不影响我看清一个事实，木糖醇对安苏的体贴周到，绝不仅仅是因为愧疚。他会先她一步递过去水，她会细心地帮他剥好虾子。他们的默契，并不是因为习惯。可木糖醇和安苏，都以为他还爱着我。

在那个时候，我忍不住笑了。那是时隔经年，我真真正正地放下。

在登机口与木糖醇告别的时候，我拥抱了他，并在他耳边问了一句话："你为什么觉得自己不爱安苏？她不是你最美的美人鱼吗?"

他愣在原地,直到我安检之后,从玻璃门的这一边,看到他奔跑着去抱远处的安苏,她在他怀里笑得一脸幸福。

很多爱情,还没开始就结束了。

很多心动,已经很久却被忽略了。

原来那些让我们耿耿于怀的,并不一定是真爱。置身眼前毫不神奇的,也不一定就不是最好的归宿。

坏脾气的不二曾经听你说过爱我,可它并不知道,在你遇到它之前,就连自己也不知道地已经爱着那条美人鱼了。

你为她守着一片海域,你当然是爱她的,只是你自己还不知道。

所幸,你明白她会一直等你,为你歌唱。

盒子里的前男友

陆痴情以前不叫陆痴情。北城有名的夜场里没人不知道这个浪荡公子。每天晚上，换着不同的场子，喝着不同的酒，搂着不同的妞儿。

他一生最大的梦想就是做一个不杀人放火，不坑害小老百姓的富二代。直到他遇到林百味，那个每天坐在吧台上喝一杯就走，从来不和任何人讲话的姑娘。

陆痴情有时候会问他的狐朋狗友："你说我为什么就看上林百味了啊？"

"蛋糕吃多了呗,想换换粗粮面包。"一群人就嘻嘻哈哈笑倒了一片。

如果是以前陆痴情也会笑,可他现在觉得这群穷得只剩下钱的屌丝们无聊透了。他看了眼时间,站起来往外走去:"林百味要来了。"

此时此刻,晨光熹微,林百味来喝打烊前的最后一杯酒。

01

爱情路如同食物链,总有一些人是要被辜负的。

陆痴情每天坐在酒吧最靠近门口的位子上等林百味的时候,艾米就坐在不远的地方看着他,她红唇美艳,眼神哀怨,吸一口烟,再抛去一片眼波,最后陆痴情坐不下去了,端了杯酒过来:"艾米,咱俩在一起的时候也算快乐过吧。我跟别的姑娘胡闹你从来不理会,怎么到了这会儿,你好像突然看上我了似的?"

艾米娇滴滴地嗔了他一眼:"谁知道浪子也会回头啊!"她

一口烟吐在陆痴情的脸上，又说："你换个人回头吧。林百味不适合你。"

陆痴情原本随意的眼神顿了顿，他扭过头来，皱着眉的样子比往日里还帅三分："你知道林百味的事情？"

艾米正要说什么，陆痴情却突然打断她："我不要听你说林百味的事情，有一天她会告诉我她发生过什么的。"他突然义正词严，艾米有点回不过神。然后就看到斜后方，林百味正走过来，不知道听没听到他们的对话。

陆痴情就摇着尾巴跑了过去，一脸忠犬相。后来，我们一群傻白甜才知道，这是个套路，陆痴情的套路。

陆痴情坚持了大半年才套住林百味，并跟她说了第一句话，他走到她面前问她："要不要试试长岛冰茶？"

听说那些小清新青春片里，男主都是用长岛冰茶来骗小学妹的。林百味轻轻笑了，干了酒杯里的威士忌。那天晚上，陆痴情跟着林百味走遍了这个城市所有的夜店，喝遍了所有口味的威士忌。

林百味眼神迷离地与陆痴情道别的时候，陆痴情才意识到，那天林百味来得比往常更早一些,她轻轻抱了抱陆痴情,像是早就明白了他的守望,她说:"谢谢你,你是个好人。"

一向战无不胜的陆痴情就这样被发了好人卡。

并且,从此失去了林百味的踪迹。

陆痴情找遍了所有夜店,每逢新店开张,他都要去晃一圈。也不知道是着了什么魔,他忘不了那个将烈酒一口吞下的姑娘,她带着极其利落的硬气。

"换一个回头吧,陆痴情。"但凡有点良心的酒肉朋友都会劝他。

而陆痴情雷打不动地找,一群人实在看不下去了,偶尔会把陆痴情拉出去,省得他在酒吧里长出草来。那天陆痴情被朋友拉去看汽车电影。可天公不作美,电影放得好好的,却突然下了雨。雨势不大,绵绵密密的,并不影响观影。陆痴情靠在车座上,有点儿犯困。就在这个时候,电影里面的女主失恋了,开始呜呜地哭。

陆痴情无聊地四顾,却看到旁边的那辆车顶的天窗上,坐着一个女孩。她没有打伞，脸上的神情在屏幕的映照下非常清晰。她很难过，她在流泪，她是林百味。陆痴情猛地坐了起来，他推开车门走了过去，林百味低了头，双手捂着眼睛，呜呜地哭了起来。

世界蓦然安静。

树叶在雨水中发出沙沙的声响。因为下了雨的缘故，四周的车都发动起来了，发出低低的嗡鸣。雨刷偶尔作响，屏幕上的女主因为失恋了，哭得越来越伤心。

可陆痴情只看得到眼前的林百味，她所有的悲伤都被埋藏在雨水和光影之后，显得那么不真实。陆痴情止步不前，她看不到他，他知道。

可这一次，陆痴情开着车跟到了林百味的家。原来她住在那片有名的lofter公寓区，他看着她走进其中一个单元，熄了火，在车上度过了这么久以来，第一个睡得安稳的夜晚。

陆痴情不知道的是，就在他睡意正酣的时候，林百味拎着箱子，离开了这里。

佛说，前生五百次回眸，换来此生的一次擦肩而过。

陆痴情这次显得很消沉，因为他和林百味已经擦肩而过两次了。他很难相信自己和林百味还有第三次缘分。他也会跟朋友开玩笑说："如果这样都能碰到第三次，我不如就娶了她算了。"虽然是调侃，可陆痴情自己知道，他并没有死心。

大约不死心的人总会有个好运气。陆痴情真的第三次遇到了林百味。他去大学里面接表妹下课，看到了一个黑衣黑裤的女孩抱着一摞书从教学楼里走了出来。陆痴情一个急刹车，然后跑了出去。这一次，他挡在林百味面前一边喘气一边说："你的电话、地址、微信、博客、微博、QQ给我，必须给我！"

他气急败坏，又欣喜若狂。

而林百味，只是轻轻地眯着眼睛笑了："啊，是你啊。"这样举重若轻的一声寒暄，陆痴情就只剩下了欢喜，完全不记得那些焦虑和抱怨了。

他傻里傻气地说："是我啊。你在这里干什么？"

林百味晃了晃手里的书："我来领书啊，我研一刚刚开学，宗教学。"

02

陆痴情是前夜店浪子,现任追情忠犬。林百味呢,是神秘的宗教学研究生。

"你的女神以后不会去做尼姑吧?"陆痴情虽然把不懂装懂的朋友都打回去了,可自己也有类似的恐慌。趁着吃饭的工夫,陆痴情就问她:"你为什么选宗教学?"

"我本科读的社会学呀,"林百味顿了顿,又说,"其实,我很想知道人死了以后究竟去了哪里。"

林百味这种利落又清纯的风情,显然并不是不谙世事的小姑娘,她早就知道陆痴情对她动机不纯,早就把话说得清清楚楚:"我有男友,并且感情稳定,正同居。"

陆痴情是谁啊,有了男友算什么。对他来讲,只是挖个墙脚而已。况且,几次接触下来,陆痴情连那个稳定男友的影子都没见到。这种对手,对陆痴情来讲构不成威胁。林百味管不了他,索性也就不理了。

夜店浪子从了良,也是令人惊讶的体贴温柔。林百味从此风雨里车接车送,到底有人照顾了。那个所谓情感稳定的男友,却始终没有出现。这天,又是雨。陆痴情把林百味送到了楼下,忍不住装可怜:"让我上去喝杯热水吧,赶着接你没顾上,我这胃炎犯了疼死了。"

林百味无奈,只好带他进了门。

简约的欧式风格,干干净净的白墙面和木质地板。林百味在门口放下包,然后很自然地说:"亲爱的我回来了。"她一边说话一边走到吧台前面去倒水。陆痴情立马四处打量,情敌正在身边,说不好就从哪里冒出来了。

林百味端着一杯热水走了过来,坐在沙发上,把水往茶几上一放。"喝吧,"她顿了顿,指了指沙发中间那个四方的盒子,"这是我男朋友安陵。"

陆痴情突然站了起来,脸色灰白,一身冷汗。

很久很久以后,陆痴情回想的时候,都分辨不出来当时的情绪是怎样的。他奶奶那个年纪的长辈,也会在家里摆着已故丈夫的黑白照片,并常年供奉。可他从来没参加过葬礼,更没见过骨灰盒。突然在他面前出现了一个四方的盒子,里面是他的假想敌——女神的男友,一时间,他所有的思维都停顿了,不知该作何反应。

"别怕,我不是杀人凶手。"林百味故作轻松地说。

可突然,林百味那些神秘的、无所追踪和探索的行为与踪迹,像是有了一个答案:"因为他?"

因为他死了,她每天都要在凌晨喝下那杯酒。因为他死了,她坐在汽车影院里狼狈地哭。因为他,她选择研修宗教学,想知道人死后,会去往何方。

林百味自嘲地一笑。"不然呢,"她摊手,用目光指引陆痴情环顾四周,"他是个孤儿,无父无母,没有亲人,只有我。他死了,留给我很多钱。我总不能拿着他的钱去爱别人。所以早就跟你说了,别在我身上浪费时间。"

陆痴情记不清那天是什么时候离开林百味公寓的。他只是觉得,人生在世,原来真的谁都有故事。

陆痴情那一天过得昏昏沉沉,可直到临睡,他才想起来白天林百味故作轻松的表情和僵硬挺直的肩膀。他不是不紧张,也不是不害怕，可当时的他被吓到了，根本看不到林百味微笑背后的情绪。

辗转反侧睡不着，陆痴情跳了起来，顾不上换掉他的格子睡衣就跑了出去。

月亮很高，城市里的马路铺满深灰色的月光。看不到惯见的流光溢彩，只有温暖的灯光，拉长影子，顿成一个圆点，再远远地投射出去。陆痴情就那样专注地跑向他爱的那个姑娘。

到了林百味家楼下，他跑丢了一只拖鞋，幸好手机还握在手里。他站在她楼下，看着她公寓明亮的窗子，他打电话说："林百味，我喜欢你。我从来没有这么喜欢过一个人，念念不忘，耿耿于怀。我以前以为你有男朋友，想和他一决胜负，看看谁能给你真正的幸福。可是你男朋友既然已经去世了，我就必须乘虚而入。这个时候我要是不战而退了，我就是个懦夫。我今天把话撂在这里，我就是要跟你谈恋爱，就是要跟你在一起，你男朋友要是不能站在我面前说'不行'，我就当他默认了。你要是愿意，你就'嗯'一声。你要是不愿意……你要是不愿意……你……你不能不愿意！"

电话那头，传来轻轻的呜咽声，如同乍暖还寒的时节，毫无预兆就开在枝头的玉兰花，那样突然又动人。

陆痴情突然手足无措："你别哭啊，你别哭……你要是不愿意……"

"傻子。"林百味骂他，然后挂断了电话。

"咯噔"一声，陆痴情却在这一刹那看到世界亮了起来。

那天开始，陆痴情成了林百味的友达以上，恋人未满。

03

陆痴情开始以林百味准男友的身份自居。林百味没有特别声明撇清关系，这对陆痴情来讲，已经是莫大的惊喜。

有时候陆痴情也想知道究竟发生了什么事情，可终究很多时候差了一点气氛，很多话就没办法说出口。他已经做好了一生都把她的过去当成秘密的准备，于是林百味突然说起那些故事的时候，陆痴情差一点就从椅子上摔下去。

晚上八点，在中心广场。喷泉的那边有人突然跪地告白，一群路人也跟着欢呼鼓掌。林百味抱着一捧陆痴情送的绣球花，问他："你猜我们是怎么认识的？"虽然是问了问题，可林百味并没有等陆痴情的回答，就是在那么多的欢呼声里，在别人盛大又耀眼的幸福中，她想把这个故事交到他手里。

林百味上学的时候是个问题少女，上五天课，有四天都要在老师的办公室里听训话。她又偏偏遇到了一个责任心爆棚的班主任，林百味不胜其烦。

这天，因为她没交周记，又被叫到了办公室，可远远的，她就听到了班主任的笑声。简直令人惊讶！这老头每天对着她就像怒目金刚，竟然会笑？她好奇地趴在窗户上往里看。

班主任面前坐着一个挺拔的年轻人，那个背影太好看了，林百味就一直蹲在门口等，等着他出来。她很想看清他的脸，知道他是谁。

班主任和他聊了很久，直到放学后，学校里空荡荡的。但是林百味还是坚定地在那里等。直到路灯次第亮起，办公室的门被打开，年轻人先走出来，一低头就看到了她。

"欸，你怎么在这里？"好像认识她似的，可是对于林百味来说他分明是个从没见过的陌生人。林百味忍不住笑了。

她站起来抬头，落落大方地看着他，伸出手："我叫林百味。"

对方笑，露出两颗虎牙，成熟的模样打了折，说不出的可爱："宋骏。"

林百味对宋骏围追堵截，死缠烂打，终于在考上大学的那一年，成了宋骏的小女友。

宋骏是个孤儿，跟他关系最亲密的就是高中的班主任。班主任无数次苦口婆心地找他谈话，一次一次把他拉向正轨。淘气的男孩大概真的都很聪明，宋骏高考的时候，是当时他们省城的理科状元。

宋骏大学毕业的时候，果断加入了大学生创业的浪潮，他吃得了苦，也沉得下心，亏了十万元贷款以后，终于摸清了门路。后来，他成为市中心那家不打烊书店的老板，同时也经营着三家连锁主题茶楼。

林百味18岁时就把这个大她整整十岁的钻石王老五套住了，这是小镇的八卦里最为人津津乐道的一则传闻。可林百味的家人并不欣喜，本分的家庭只觉得她小小年纪就找了个老板，真是伤风败俗，阻挠无果就与她断绝关系了。

于是林百味上大学的费用几乎都是宋骏资助的。她一边抱着宋骏的腰，一边看着电视里的爱恨情仇，她说："我算不算童养媳啊？"

宋骏心疼她这么小就跟家人闹翻了，摸了摸她的头："是啊，童养媳，等你长大了就娶你。"

林百味就眼睛发亮地去亲他。

他们实在很相爱。

林百味对宋骏来讲，是世界上唯一的亲人，命运里唯一的温暖。她攀附着他，熠熠发光。那么年轻又那么清亮。仿佛破晓前的歌声，会带来黎明。

宋骏对林百味来讲，则是方向，是指引。他教会她如何与人相处，如何抽烟，如何饮酒，如何在长街上通宵达旦彻夜不归，如何在相濡以沫的温馨日子里过得肆意盎然。

他是她的人生导师，她是他的亲密爱人。他们因为彼此的存在，变得更加坚强却柔软，快乐却敏感，充满憧憬又忧心忡忡。

林百味最喜欢的就是宋骏说喜欢她的模样，仿佛这件事情已经列入日程，正在稳步进行，这种笃定让她心安。事实上，他们真的会关注婚纱风尚、各种钻戒的款式,以及各种婚礼的主题。

林百味从没想过,那么年轻的时候遇到的人竟然就让她心甘情愿地定了心,世界上所有的纷纷扰扰都迷不了她的心。有他的地方,才是她的家。

大概越是隆重的幸福,越遭命运的嫉恨。宋骏在求婚的时候,突然晕倒在地。脑癌,因为肿瘤位置刁钻,手术的成功概率非常低。宋骏几乎是平静地写好了遗书,然后结束了自己的生命,他是自杀的。像是一点留恋也没有,在凌晨时分,从医院的屋顶跳了下去,当场死亡。

他将所有的遗产都交给律师行去变卖,将钱留给了林百味。她也只是一个小姑娘,没必要负担那么多的责任,拿着钱去无忧无虑地生活就够了。

林百味,却从此恨上了他,也无法忘了他。她带着宋骏的骨灰从一个城市穿过另一个城市,去看山看水,去看晴看雨。可她始终没办法把那段爱情放下。

林百味的眼睛里藏着一万滴泪水,她看着陆痴情,只是傻傻地问:"你说,他真的爱我吗?为什么不肯多给我一段时光?"

陆痴情抱住了林百味脆弱的肩膀，回答她："因为爱你，所以舍不得让你受折磨。"

林百味在陆痴情温暖的怀抱里，度过了很久以来第一个安稳的夜晚。她没有做梦，也没有惊醒，像是很多年前依靠着宋骏的那个小女孩，全心全意地信任与依赖。

清晨的露水滴下来，白鸽飞到喷泉前面觅食。

林百味睁开眼睛看到陆痴情冻得发青的脸庞和她身上披着的外套，紧紧地抱住了他的腰。

04

如果说每个人都是一个有故事的人，林百味的是爱情文艺片，陆痴情的，则是家庭伦理片。陆痴情父亲很有钱，他母亲死得早。继母嫁到他们家的第二年就给他添了个弟弟。弟弟聪明伶俐，好学向上。没妈的孩子像棵草，陆痴情唯一的目标就是做一个不伤大雅的纨绔子弟。

他从前从弟弟手里拿钱从不手软。作为一个继承了家里产业的男人，供养毫无争产能力的哥哥不是理所当然的吗？

可因为有了林百味，陆痴情想要有尊严地活着。他注销了家里给的信用卡，凭着家里买来的一份文凭，找了一份公关的工作。

男公关，如果是以前，陆痴情一定对这个职业嗤之以鼻，但是这份工作薪水高，时间弹性大，他可以接送林百味上课，并且可以在最好的西餐厅请她吃一顿饭。他在以前浪荡的日子里积累了不少人脉，能够胜任这样的一份工作。

停掉了信用卡，竟然也小有体面地活了下来。陆痴情被很多年未曾见面的爸爸召见了。他老了，也心软了，容易想起来往事，他想起了早逝的发妻。陆痴情什么要求也没提，他想娶林百味。

然而就这样的一个要求，他爸爸也没答应。

18岁花样少女，俘虏28岁钻石王老五的花边新闻当年风靡一时，陆爸爸怎么也不愿意要这样的儿媳妇。

"喂，你当年为了宋骏被逐出家门了？"

"对啊。"

"宋骏就跟你在一起了对不对？"

"对啊。"

"哦，为了你，我爸也把我逐出家门了。你愿意不愿意跟我在一起？"

林百味从面碗里抬起头，倾身过来亲了陆痴情的脸颊，印了他一脸面酱。可陆痴情笑得像个傻子，像是刚刚中了大奖。

如果我和你妈妈同时掉进大海，你救谁？

很多恋人在热恋的时候，都问过这个奇葩的问题。可陆痴情从来不知道，自己也会面临这样的一天。

陆痴情发工资的第二天就吵着要带林百味去游乐场。林百味期期艾艾半天，才提出了一个非分的要求，就是带宋骏一起去。她可以把宋骏背在包包里，一起出去。陆痴情经过了一段时间的适应，基本上对待宋骏的盒子像对待林百味的一个包包，一件有点大的饰品。他想了想，虽然心里有点不舒服，但还是答应了。

于是人群拥挤，当陆痴情和他自请提着的包包一起掉进观光河的时候，林百味纵身跳了下去，一把抱住差点沉下去的包包的瞬间，陆痴情经历了一生中最伤心的时刻。

她还没来得及庆幸，就感觉到了身边的人那种无法说出口的难过。

原来伤心到了极点，是一个字都说不出口的。

他沉默地游向岸边,被路人帮忙拉了上去。他背对着河水揉了很久的眼睛。阳光铺满了水面,波光粼粼浮光掠影间,仿佛是做了一个荒诞的梦。

但林百味清楚地知道,她大约也要失去他了。

那个永远在她身后,努力追着她影子的人。虽然总是一副浪荡不羁的样子,可笑起来的时候是那么真诚可爱。

他的惧怕和喜爱都那么真诚鲜活,让她忍不住心动。

陆痴情消失了很久一段时间,时间久到林百味终于有足够的时间去整理过去未能完成的故事。她终于买了一块墓地,让宋骏入土为安。她放过了他,也放过了自己。

她把宋骏留下的遗产,全部捐给了那些被脑癌折磨却无力医治的人,万一能有奇迹,这世上就能少一个伤心的人。

她还是每天上课,下课,读书,研究,希望有一天能知道人死后会去往何方,希望知道有一天她死了还能不能再见到宋骏。

只是偶尔,她会想起来陆痴情傻兮兮的笑容和温柔如鹿般的眼神。

后来的后来，林百味在硕士学位的毕业典礼上再次见到了陆痴情。他西装革履，意气风发。

"你过得还好吗？"陆痴情问林百味。

林百味笑着挥了挥自己的毕业证书："还好，只是问题还是问题，没有解决。"

陆痴情笑："那你还会去找那个答案吗？"

"会吧，"林百味扯了扯自己的包包，"我已经把宋骏安葬了，毕业以后准备出去走一走。"

陆痴情过去很长一段时间的目标就是忘记林百味，可有些人大约注定会成为你的魔障，任你不甘心，任你委屈，都没办法放弃。

"我有两张机票，分你一张怎么样？"陆痴情从口袋里拿出装着机票的信封，低头看着她。

不知道过了多久，她抬起头，迎向他的目光："旅途很长，也不怕吗？"

"不怕。"

"时间很久，也不会放弃吗？"

"不会。"

"再逃跑一次,我可不会原谅你哦。"

陆痴情上前一步抱住林百味:"对不起,我不会再逃跑了。"

你爱上了一个有故事的女同学,有一天,当你和她的过往一起掉进水里,而她下意识选择了拥抱过去。

你会做爱情里的逃兵吗?

很多人会,因为惧怕付出得不到回报,惧怕伤心的时候无人安慰。可还是会有很多人百折不挠,飞蛾扑火。因为坚持不一定有所回报,但放弃就一定会遗憾终生。

也许你可以打败一千个前男友,可也许你终其一生也无法战胜那个盒子里的前男友。他活在她的记忆里,永远英俊挺拔,如同少年。

就像《碧血剑》的结局,青青陪袁承志四海为家,她说,也许袁承志一辈子也忘不了阿九,可永远陪在他身边的那个人,是她。

爱情有无数种答案,陪伴是最深情的那个。

自从你离开,想风也想你

01

阿紫从来不是个乖乖女,她总是特立独行。

小学的时候,学校组织春游,并没有规定必须穿学生服,但是所有同学都自觉地穿着学生服去报道了,只有阿紫,穿上了新买的连衣裙;上了初中,明令禁止不允许化妆、恋爱、散着头发,只有阿紫,一旦没人看着,就把头发上的皮圈一把揪下来,哪怕头发上留着一圈凹痕,没有那么好看也不要紧。

阿紫要做的,就是与众不同的那个姑娘。

也许是她骨子里就写满了离经叛道,20岁第一次动心就爱上了不该爱的人。

温先生,30岁,已订婚。

他们在画室相识,彼时阿紫穿着一件白色T恤连衣裙,只到大腿的一半,外面罩一件红色的围裙,上面是星星点点的涂料。她整个人闪着光,坐在窗边画画,心无旁骛的样子。画室老板是温先生的朋友,他路过走廊,被阿紫闪到了眼睛。

阿紫下了课,看见一个穿着西装的男人站在走廊里,走廊在阴面,顶灯是声控的,如果没有声音,就是一大片一大片的阴影。温先生背着窗子站在阴影中间,看起来棱角分明,如同一棵成年植物,馥郁芳香。

阿紫一瞬间就着了迷。

温先生带阿紫去一家餐厅吃饭,餐单妙趣横生,基本上每道菜都是名家分享的私房菜。阿紫看到喜欢的明星就小小地惊呼:"我要吃这个,我好喜欢他的。"

温先生点点头，他一点都不会觉得她大惊小怪，反而正是她的率真可爱打动了他。到了 30 岁，身边的女性都以精致优雅为准则，活在一个模子里，她们进退有度，举止克制，已经极少能看到这样生动多变的表情了。

"你订婚了？"点完菜，阿紫看着温先生左手中指上闪闪发光的铂金戒指，"为什么不直接结婚啊？"她笑得不怀好意，虽然不够老练，却已经十分机敏。

温先生噙着一贯的温和笑意："因为不敢结婚吧。"

"那为什么订婚？"

"因为……不订婚就会失去一段稳定的关系。对我来讲，失去稳定和改变习惯是最可怕的。"

"哈哈，你的语气像个老年人。"阿紫毫不客气地嘲笑他。

温先生伸手拍了拍阿紫的头，实际上他年轻英俊，正是意气风发的时候，只是他把太多的精力放在了事业上，而长达十年的爱情长跑，已经磨光了他的锐气。

02

温先生遇到准太太茉妮的时候,也是阿紫这般好年纪——他们是大学同学。

茉妮是出了名的学霸,温先生则早早地开始创业。对茉妮来讲,温先生太冒险;对温先生来说,茉妮太温暾。可他的项目当真需要一个茉妮这样出类拔萃的开发人员,于是他向她发出了邀请。茉妮成了温先生公司的第一个技术人员。

大学生创业,说起来好像很风光,实际上却很辛苦。温先生第一个单子是给一家制药公司做网站,网站上线了,对方看温先生只是个没什么凭仗的学生,就将款项分成了三部分,预付款、验收款和尾款。最后一笔尾款占总款的60%,一直拖着不给。温先生一声没催,他让茉妮每个月都定时打一个电话,打三次。打完三个电话,对方还没打款,温先生在对方的服务器上放了木马程序,上线三个月的页面直接死机了。

不到一周,温先生就收到了尾款,那是他们的第一桶金。

温先生把这些经历讲给阿紫,阿紫听得津津有味。

毕业后,茉妮作为元老直接进入了温先生的公司,不是因为温先生给的股份打动了她,是因为她喜欢上了温先生。聪明如他,早就看得分明。茉妮陪温先生风风雨雨度过了很多岁月。

温先生性格冒进,被竞争对手引入了局,接手的项目外包出去,却因为资金链断了一时无法结算外包费用。

对方委托了追债公司来追款,几个混混拎着红油漆上了楼,红油漆泼过来的时候,茉妮单薄的身体挡在温先生面前,她抱着他,如同抱着自己最珍贵的东西。明明是文文弱弱的小姑娘,却因为爱情变得那么勇敢。

"她好酷啊,"阿紫眼睛发亮,"你一定很爱她!"

温先生认真地说:"我很感激她!"

感激她在艰难岁月的不离不弃,感激她在危险关头的挺身而出,感激她的爱成为他安稳的后盾。

"我所有的成就有一半属于她。"哪怕温先生的公司经营得非常成功,即将上市,茉妮却早就退了出来。

阿紫笑了："没关系啊，反正我也没要和你天长地久！"

他们几乎是一眼就看明白了对方的渴望，于是没有试探没有闪躲，没有承诺也没有未来，就心安理得地陪伴起对方来了。

03

阿紫一直喜欢尝试各种有趣的新事物，比如，最近她迷上了夜跑。

晚上12点，阿紫穿着紧身的运动衣裤，马尾一甩一甩地跑在城区二环的辅路上。她身后不远处，跟着缓缓前行的专属补给车——温先生开车跟着她。

"还在公司吗？"茉妮的声音永远那么温柔。

温先生戴着蓝牙耳机，看着车窗外阿紫纤细的背影，"嗯"了一声："今天估计要通宵，你早点睡吧。别等我。晚上多盖一张被子，别着凉了！"

茉妮就笑了："好啦，管家公。你也是，别太累了。饿了就喝汤，我下午送到你助理那里去了。"

"好的，谢谢老婆！"

"傻瓜，拜拜！"

温先生挂掉电话，扯下耳机，就看见阿紫坐在路边的马路牙子上东张西望，她已经跑了一个多小时，脸上有汗，在路灯下闪闪发光。

她总是闪闪发光的样子，温先生暗暗地想。他把车停在路边，打开车门，拎着运动饮料下了车。

"谢啦，"阿紫接过饮料，拍了拍身边的石砖，"坐啊。"

温先生已经很多年没有席地而坐了，可他还是坐了下来，在凌晨时分，在寂静无人的街头。这座让他痴迷的城市原来也有这么空旷的时刻，偶尔还是会有车声传来，但是像隔了很远似的。

"你真的不要跟我一起跑？"阿紫扭头看他。

温先生摇头："我膝盖坏了。"

其实不只膝盖、颈椎、腰间盘、手部关节，胃和肾都或多或少有点问题了。十年的创业生涯，带给他很多财富和名望，却也收走了他身上等价的其他东西。

阿紫觉得无趣，她沉默了一会儿，就笑了："我累了，想睡觉。"

大半夜的出来跑步，学校肯定是回不去了，这句话如同一个邀请，温先生看了看她，应承了下来。

温先生带她去附近的五星级酒店，阿紫先是去里面的24小时餐厅吃了一顿火锅，然后去做了一个舒服的SPA，最后才窝进被子里，脸色红扑扑的，像只小兔子。

温先生伸手摸摸她的头发，帮她压了压被子，在她额头上印了一个吻："晚安。"他起身要走，她却钩住他的手指。

"喂，"她喊他，"你以为我要跟你玩晚安游戏吗？"

她自以为表现得游刃有余，实际上她睫毛乱颤，指尖发凉。温先生看到了她试图藏好的胆怯，反而软了心肠，他掀开被子，一只手揽住她的肩膀，将她好好抱进怀里，另一只手放在她的脑后："睡吧。"

他好像很爱惜我，阿紫觉得此时此刻这温暖的拥抱，比接吻来得还要动人心肠。

04

从前看小说，好似一旦男友有什么难以启齿的秘密，女友一定是最后一个发现的。实际上才不会，再笨的女人在爱情里也会像猎犬，有着最敏感的嗅觉。

温先生最近笑容变多了，在家的时间变得更少了。助理看着她的时候表情有点复杂，因为新房装修的事情，温先生最近很少过问。平时温先生总是习惯抱着电脑处理邮件，现在却更习惯用手机。

茉妮看着温先生接了一个电话就走了，关上了电视机。有点空旷的房间立刻显得十分寂寥，而这样的寂寥她已经不知道忍耐了多少年。

原本她以为结了婚，生了孩子，就会有孩子陪她。

她穿上外套，一个人去了新房看装修。装修公司是专门为高档公寓服务的，工作做得又快又好。看见茉妮过来，还都笑着打了招呼。茉妮摸了摸刚刚搭好的架子，看着她的逐渐成形的理想家园，抿了抿嘴。

其实这世界上原本就没什么东西是可以不付出任何代价就永远拥有的。

就像那年泼在她背后的红油漆，她为温先生放弃的那个意外到来的孩子，以及她等了许多年的这一场婚礼。

温先生送阿紫回学校，把车停在了校外，然后陪阿紫走进校园。

校园里到处是年轻的小情侣拖着手压马路。温先生阔别校园多年，一路走来花花草草看着都有趣，直到阿紫将他压在宿舍楼拐角，狠狠吻上他的唇。

这是他们之间第一个吻。

阿紫在他嘴里尝到了烟草的味道和他刚刚吃完的薄荷糖的味道。两种味道混合在一起让她头脑发晕，腿脚发软。她的生涩和温柔、天真和莽撞，都狠狠地撞在了温先生的心口。他一只手扶住她的腰，另一只手放在她耳后，吻得温柔而缠绵。

有那么一刻，温先生察觉到自己动了真心，想要把这个小姑娘娶回家。

这么多年，他对茉妮，从没有过这样的冲动。

这就是传说中的爱情的不公了。

你飞蛾扑火，献上尊严、生命、最美好的青春，也抵不过某人某刻一个缠绵悱恻的亲吻。

大抵谁爱谁，谁辜负谁，都是注定的。

如果不把责任推给命运，被辜负的那一个，真的是难以甘心。

比如茉妮。

温先生回到家，神情温柔，嘴角含笑。

茉妮坐在沙发上，冷漠地看着他。

她极少极少给他这样的注视，十年的陪伴和默契，温先生一向知道茉妮的敏感和聪明。他几乎是一个瞬间就明白——茉妮知道了。

05

出轨过的婚姻你还要吗？

被背叛过的恋情，还有坚持下去的意义吗？

身体出轨和精神出轨，你能原谅哪一个？

曾经的茉妮，闲极无聊的时候也在网上看过这类的情感议论文。但她是用看热闹的心态去看的，因为她一直都笃定，她的温先生虽然莽撞，对这世界有莫大的野心，但他心软、细腻、有责任感，他会忠诚于她，哪怕他们装修了婚房，也始终没提结婚的事情——这个年纪的男人，多少会有点恐婚，她都理解。

可事实狠狠地给了她一个耳光。

"你们在一起多久了？"茉妮抱着肩膀，是一个防御的姿势。

温先生站在那里，一动不动，像石头："三个……"

"啊！"茉妮猛地站了起来，她不停地尖叫，抱起茶几上的玻璃花瓶就砸了下去。钢化玻璃瞬间碎成碴儿，蹦得到处都是，清水洒了一地,鲜花也萎靡地躺在玻璃碎片里,一片狼藉,茉妮的尖叫声还没断,她抱着头,头发纷乱地披在肩头,像一只受伤的小兽。

她原本以为自己可以冷静地处理一切,就像这么多年处理所有的事情一样。温先生不只是她的男朋友,还是她未来的丈夫。那么多闺密都偷偷告诉她——明知道老公有外遇,就是冷静的不说,暗地里把小三解决掉,男人在外面应酬那么多,只要知道回家就好——可真的面对这样的事情,茉妮发现她做不到。

她对这个男人的爱,这么多年有增无减。她与他不同,他有一个世界等着去征服,她只有一个空荡荡的家和大把大把的时间,全部用来幻想未来的理想家园,眼看着她理想中的爱人和家都近在眼前。可什么都毁了。

她忍不了,因为爱。越爱就越无法忍耐。

那一瞬间,茉妮觉得连空气都炙热到发烫,令她窒息。

茉妮离开的那一天,天气特别好,连续了几天的雾霾都尽数散了。

她穿着白衬衫,黑色阔腿裤,红色高跟鞋,化着精致的妆,头发打理得一丝不苟,拖着一只LV的旅行箱。

像是一个战士，丝毫看不出来几天前的那个夜晚，她曾经如何崩溃地痛哭。

温先生站在一边，他认真地看着她："真的不能给我一次机会吗？"

茉妮就笑了："如果我愿意留下来，你会彻彻底底地与她断绝联系吗？"

温先生抿了抿嘴，没说话，他不能确定答案。

茉妮心里微弱的期盼还没升起就落了空，她脸上浮起一抹自嘲："别骗自己了，你跟你的那些合伙人从来不是一样的人。如果不是动了心，你不会伤害我。"

她从来都懂他，一句话也不需要他多讲。她能清楚地窥视到他心里所有的脉络，这份懂得，大约他这一生都不会再遇到。

温先生并不能肯定自己以后会不会后悔，但是骄傲的茉妮，已经不会再给他机会了。

其实游戏开始，他真的只是想交个年轻有趣的漂亮朋友，打发一下时间而已，只是感情这游戏如同星火，说不好什么时候就借风燎原，无法控制。

温先生当然知道自己动了心,自然也就明白他与茉妮再也无法凭借他的感激走下去了。

最后他抱了抱她:"保重!"

像是并肩作战多年的伙伴,他道出祝福。

茉妮也笑了,只是眼睛还是红了,她心里其实还有很多叮嘱,比如他胃不好,一定不要吃生冷的东西;比如他颈椎不好,一定不要久坐,要定期复诊,保重好身体……但她还是咽了下去,一句话都没有说。

他的未来,无论好坏,都与她无关了。

她可以努力不去怨恨他,但是也无法大度地祝福他。

06

故事的最后,阿紫并没有和温先生在一起。

她享受的只是偷来的片刻时光。一旦真的能和这人长相厮守,和这世界上的任何一对寻常情侣都一样了,她就会觉得索然无味。

她坚决不肯做那种寻常的人。

温先生了解阿紫，如同茉妮了解他。他当然知道她的天真是真的，莽撞是真的，温柔是真的，勇敢是真的，可她的贪玩没常性，也是真的。

后来，温先生的公司上市了，敲钟那一刻，他回过头，那个永远在他身后守着他，笑看着他的人已经不在了。

他用了十年的时间，最终没能留住这个世界上最爱他的那个人。但每个人都要对自己的人生负责。

他的社交圈里，茉妮还是那个置顶的人，只是聊天记录停留在半年前，再也没有新的消息了。他辗转也有听到过她的消息，听说她在澳洲过得很好，在学习心理咨询的课程，卖了股份的钱开了一家农场，很受当地单身华人的欢迎。

茉妮从来不是无人问津的姑娘，如今她走进了新生活，自然也会有声有色。

这世上谁没了谁都一样，只是温先生突然觉得，失去了那个能够分享的人，他所获得的一切快乐都打了折扣。

他突然想起来一件往事。

有一年他出差，茉妮一个人驻守公司。前一天晚上他陪客户喝了很多酒，第二天头疼恶心地醒过来，看到茉妮凌晨发来的短信："自从你离开，想风也想你。"

那一刻他内心温暖踏实，如获新生。

其实，他们也不是没有过相亲相爱的好日子。

从一开始,两个世界

01

安溪遇到鹿鸣,是初秋十月,风比天空还高。

她下午没课的时候,都去图书馆看书,这个习惯从她上了大学开始,已经保持了四年。彼时她踮脚去够最高一层书架上的书,跳了两三次连边都碰不到。身后一只修长而干净的手伸出来,帮她把书拿了下来。

她扭头想说一声"谢谢",却意外发现视线只能抵达对方的胸口，落在他衬衫的第四颗扣子上。她退后一步抬头，看见他松开一颗扣子的领口，轮廓清晰的喉结，清隽的下巴、薄唇，挺直的鼻子和一双很温暖的眼睛。

"谢谢！"安溪道谢，看似不动声色的背后，是她声如擂鼓的心跳声。

这男孩就像是从她的想象中走出来的一样，只一眼，安溪就明白了什么叫作理想型。

"不客气！"男孩笑了笑就要离开。

安溪快一步站在他面前，伸出手："你好！我叫安溪。"

他有点诧异，表情都写在脸上，然后他伸出手握了握安溪的手："我叫鹿鸣。"

安溪身为情场老司机，搭讪的时候这么紧张还是第一次，她说："同学，我能请你喝杯饮料吗？"

鹿鸣是来找表弟玩的，他其实比安溪大5岁，已经27岁了，但他干净斯文的模样看起来很有学生气质。而他表弟明显不靠谱，把他一个人丢下，去参加社团活动了。

"我可以带你走走。"安溪咬着吸管说。

"真的啊?"鹿鸣高兴地笑了,"耽误不耽误你?"

"没关系。"安溪已经在准备研究生保送考试了,基本上没有太大问题。在其他同学在找实习单位、复习考研的时候,她是那个悠闲的另类。

安溪带着鹿鸣到处晃荡,用一整个下午走遍了校园的各个角落,又约好第二天去城里的景区。安溪的手机上已经存好了鹿鸣的电话,这一串数字让她的心充满了甜腻腻的踏实。

那个时候,安溪单纯地认定,相爱的人是总会在一起的。

那些因为家庭、物质、"三观"、距离等原因分开的恋人,大抵只有一个原因,就是不够爱。只要得到对方深沉的、纯粹的、足够多的爱意,是怎么都能相守在一起的。

她知道自己喜欢上了这个只见了一面的男孩子,那么下一步,就是得到他的青睐。安溪一向清楚自己想要什么,且勇往直前,从不退缩。

02

一大早，安溪带着鹿鸣走街串巷去吃特色早餐，然后去庙里拜了拜，又去文化街的老店里淘有趣的小物件。

越是相处，安溪就越喜欢鹿鸣。他实在符合她的心意，总是带着温暖的笑容，一直高高兴兴的样子。明明是被别人撞到了，还关心地问对方有没有事；遇到着急的路人，总是侧身让对方先行；看到流浪的猫狗，也会去便利店买一些火腿肠，让安溪去喂它们。

他的好，和她身边的那些年轻的愣头青都不一样，与曾经追过她的所谓的社会精英也完全不同。他成熟但不世故，用一种十分坦然的心情去看这个世界。

安溪带鹿鸣去灯塔餐厅吃饭。

灯塔餐厅是当地有名的旋转餐厅，在城市里最高的建筑之上，全玻璃的屋顶，仰望就是星空，俯瞰就是灯河。

安溪不顾天气寒冷，硬是穿上了一件黑色的连衣裙，露着洁白修长的脖颈，看起来像一只白天鹅。

他们相对而坐，安溪笑盈盈地看着鹿鸣。

直到鹿鸣的笑容渐渐落寞下来，他特别认真地说："别喜欢我，安溪，别喜欢我！"

安溪愣了半分钟才明白他在说什么："为什么？"

鹿鸣在笑，可那笑容却像是假的面具："我有病。"

"神经病，什么啊，你以为在演韩剧吗？"安溪挥挥手，满不在乎的样子，"就算是得了白血病，也不耽误谈恋爱啊。"她根本不信他说的每一个字。不喜欢就说不喜欢，说什么有病呢？

鹿鸣面前光亮亮的西餐盘子里盛着一只处理好的龙虾，他一边看着她，一边拿起刀叉切了一块龙虾肉放进嘴里咀嚼，他的表情很冷漠，安溪心里蓦然涌上不安的感觉，潮汐一般攥住了她的呼吸。

她伸手拍掉他的刀叉，"啪啦"一声，银色的刀叉掉在白色的盘子上，汁水溅到了他的格子衬衫上。那一刻，餐厅中间的钢琴声像巨大的轰鸣，安溪紧张地问："你到底有什么病？"

鹿鸣拿起餐巾纸认真地擦拭自己的手指和袖口："过敏性哮喘，过敏源包括牛奶、花生、花粉、动物毛发等，包括……海鲜。"

安溪跳了起来,拉着鹿鸣就往外跑。

鹿鸣从诊疗室出来的时候,脸色很苍白。

安溪沉默地跟在他身后,去医院一层缴费,再拿着缴费单去取药。

鹿鸣没有说话,安溪也一径沉默。

他拎着一袋子药,走了出去,站在马路边。深秋的夜晚已经有点冷,安溪裸露着一双小腿,裹紧风衣还是瑟瑟发抖。

鹿鸣抿抿唇:"回去吧。"

安溪却知道,如果此时此刻就这样走了,那么他们之间就彻底没有可能了。她抬起头,用亮晶晶的眼睛看着他:"我不介意你有病,我会照顾好你。"

鹿鸣看了她一会儿,又扭头看向了半空:"你不知道这病多麻烦。"

安溪伸手掰正他的头:"我是不知道,可我不怕。"

22岁的安溪,对爱情有无尽的力量和勇气。她天不怕地不怕,有的就是一腔孤勇,只要他有一样的回应,上天下地她也绝不会退缩。

可鹿鸣拍拍她的头，说："小姑娘，别傻了！"

03

鹿鸣消失了。

鹿鸣消失得同他出现的时候一样突然。就好像从来没有过这样一个人，她给他发信息，他不回复，她给他打电话，他也从来不接。

有那么一个瞬间，安溪站在图书馆的楼道里打电话，看着窗外愈发萧条的景象，听着话筒里的"嘟嘟"声，觉得鹿鸣是个幻觉。

他的出现，她对他的一见钟情，那个晚上他落在她头顶上的手。

十月，风渐渐冷了。

十一月，银杏的叶子全都黄了。

十二月，落了初雪。

一月，安溪丧心病狂地在校内网上发了一个帖子，名叫"寻找鹿鸣的表弟，你表嫂喊你站出来回话"，配图是鹿鸣的背影，站在河边，波光粼粼的秋色里。这是安溪偷拍的唯一一张照片，她每天都一遍遍地看这张照片，直到抑制不住体内的洪荒之力，开始找鹿鸣的表弟。

说来也巧，小表弟是安溪同院的学弟，不到三天就站在了安溪面前，哭丧着脸还在耍宝："表嫂你喊我回家吃饭的吗？"

安溪就笑说："给我鹿鸣的地址。"

小表弟认认真真地把地址写好，递过去说："大表嫂，学姐，亲姐，能把帖子删了吗？"

安溪施恩似的点点头。

小表弟就夸张地合手一拜："谢谢青天大表嫂！"

安溪站在鹿鸣面前，从海北到天南。

鹿鸣看了她一会儿，然后张开手臂，她飞奔着扑进他的怀里，他将她抱紧，几乎要揉碎进自己的身体。

他的叹息声落在她耳畔，如同认命。

原来在她神魂颠倒的时候，他也不是无动于衷的。

安溪笑得满足。

鹿鸣带安溪去酒店，他们拉上了窗帘，没日没夜地拥抱接吻。

短暂地看一会儿电视，又吻到一起；去楼下餐厅吃了个饭，又牵手回房。情到浓时，每一分钟都要腻在一起。

直到鹿鸣的手机嗡嗡作响——

"喂？"

"好，我知道了，晚上我回家吃饭。"

安溪攀住鹿鸣的胳膊，笑着问："谁啊？"

鹿鸣就说："我妈妈喊我晚上回家吃饭。"

安溪点头，"哦"了一声，可鹿鸣欲言又止，她就问："怎么了？"

"我家里，给我安排了一场相亲，"他看着她，接着说，"今晚。"

安溪坐起来，认真地看着他："鹿鸣，我算什么？"

很久很久，鹿鸣没有说话。安溪下了床，一件一件穿好衣服，收拾好行李。她再也没看鹿鸣一眼，推开房间的门就走了出去。可她没有离开，她站在房间门口，就站在那里。她在等他追出来，她跟自己讲，如果鹿鸣肯出来找她，那她就大度地原谅他好了。

可直到有服务员过来问她需不需要帮助，那扇门都静静的没有一点动静。

安溪这才提起包包离开了。

那天,几年不会下一次雪的"南国"小城,也稀稀落落地飘起了雪花。安溪坐在计程车里哭得乱七八糟,她一边哭一边跟司机师傅说:"师傅,你们这里的男孩子太坏了,太坏了!"司机师傅不知所措,又递过来一包没拆过的纸巾。

安溪在进站之前,总算等到了那个身影。他跑得很快,大口大口喘着气。他脸色苍白,随时都像要晕倒。

安溪担心他又要犯病,顾不上生气,跑了几步扶住他。

鹿鸣站直身体,眼睛通红,他用了很久才平复好呼吸,他看着安溪,像是诀别一样,最后他弯下腰,把她敞着穿的外套扣子,一个一个系好。

他说:"安溪,以后你自己要学会好好穿衣服。"

安溪扭过头,泪水又掉了下来。她没敢再回头看一眼她心爱的人——那个苍白的,随时都像要碎掉的年轻男人。

她哭了一路,列车穿越南北,竟全程雪白。

那一场降雪,是几年来最大规模的降雪,新闻都在报道,全国各地都在社交软件上晒自己堆的雪人,在雪地里写下的告白等等。

只有安溪，她永远记得那场雪，她的爱人一颗一颗帮她扣好扣子，通红着眼睛，那么温柔。

04

小表弟没事儿就来看安溪一眼，最后实在没忍住，问："学姐，你真的不要我哥啦？"

安溪瞥他一眼："他去相亲了，你不知道？"

小表弟大惊失色："误会了不是，家里是给他安排了，可他没见啊。"

安溪正在记笔记的手顿了顿，那又怎么样呢，他终归是不要她了。电话铃声响起，小表弟把电话接起来："喂？"他一边接听，一边抬头打量安溪，"哦，哦，好。"

安溪被他看得狐疑起来："干吗？"

小表弟摇摇头，一脸严肃："我有事要办，学姐再见！"

小表弟时常耍宝，安溪并没有放在心上，直到晚上在宿舍门口见到穿着一件特别长的黑色外套的鹿鸣。

她抿抿唇,故作无视,从他身边走过。

鹿鸣在她身后喊她:"安溪。"

只轻轻一声,安溪就抬不起脚步。她站在原地,静静的。

鹿鸣转过来,从身后抱住她:"对不起。我想你。"

安溪猛地抬起头,可她的泪水还是落了下来。鹿鸣低头去亲吻她的眼泪,两个人就在路灯下抱着对方,像是抱着茫茫雪原里唯一的火种。

"鹿鸣,我不求天长地久,就现在,我们相爱,就在一起,好不好?"安溪抱着鹿鸣的腰,小声地哀求。她从不是这么纠缠的人,可就是鹿鸣,没多少时光的相处,也没多少故事沉淀,却成了她心里迈不过去的劫难。

鹿鸣静静地抱着安溪,认真地说了一声"好"。

鹿鸣在爸爸的公司工作,他爸爸开了一家永生花工厂,主要走高端精品路线,给很多大品牌供应货源。鹿鸣虽然是小老板,可很多事情也要亲力亲为,于是两城一线,跑来跑去。鹿鸣身体不好,天气冷时尤其容易发病,安溪在包包里准备了一大沓的口罩，还有两支喷雾备用。她越爱他，就越心疼，就越恐惧。

所幸鹿鸣虽然偶尔咳嗽，却并没有犯过病，安溪多多少少松了一口气。

鹿鸣不在的日子，安溪就自己去泡图书馆，或者在宿舍宅一天。鹿鸣在，安溪就一天一天地和鹿鸣在一起。她已经没有专业课了，不过是在等录取通知书。

如果不是见到鹿鸣的妈妈——安溪是偷偷想过怎么赖皮着混过去的，一天一天，直到过完一辈子。

鹿鸣的妈妈很瘦很漂亮，只是脸色很不好看，哪怕已经化了重重的妆，还是掩饰不住她的虚弱。

他们坐在学校的咖啡厅里。

安溪忐忑不安："阿姨……"

鹿鸣的妈妈就摆摆手："我不是来拆散你们的，我是来问你是不是真的做好了准备。"她的笑容里带着谅解，眼神中饱含宽容，"是不是做好了心理准备——当鹿鸣身体出了问题的时候，放下所有前程和未来，到他身边去照顾他；也许不能生育，就算生了孩子，一样可能活不长，就算活了下来，也要战战兢兢担心一辈子；很多东西他不能吃，很多地方他不能去，你只能跟随他的脚步,在对他安全的圈子里生活……你们现在相爱,除了在一起的快乐,你看不到其他的东西,可是一辈子还很长。我不希望有一天,你突然想通了,离开了,把鹿鸣留在原地。他的身体不能承受这么大的刺激。"

安溪原本想说"我可以做到,我不怕",可是鹿鸣妈妈的每一句话都在她的脑海里重播回放,她听得懂每一句话背后沉重的意思,她突然不敢像以前一样,草率地去发誓、去承诺了。

05

鹿鸣离开的时候,笑得还是一样温柔。

他站在站台上,风牵起他的衣角,安溪从包包里掏出一只口罩递了过去:"你又忘了。"想起他们如今的情况,安溪的手僵在半空,鹿鸣却伸手接了过来,他道谢,然后戴好了口罩。再然后,他弯下腰,在她通红通红的视线里,一颗一颗系好她大衣的扣子,他摸摸她的头,如释重负地叹了一口气:"总算没犯傻到最后。"

安溪心里疼极了,她猛地扑上去抱住了鹿鸣的腰,"哇"的一声大哭了出来,毫无章法的、孩子式的哭。

鹿鸣抱着她的肩膀,摸着她的头发,耐心地安抚她,直到她渐渐平静下来,她说:"鹿鸣,我们再试试好不好?"

鹿鸣在她耳边轻轻地说:"我不能叫你跟我吃无端的苦。"

安溪突然就读懂了他的爱。

也许他跟她一样,第一眼就钟情于对方明亮的眼睛,也曾经幻想过长长久久的相爱相守。只是她的喜欢是放纵,他的爱是克制。

于是她扑了上去,他退了一步。

可安溪明白,终究鹿鸣没让她成为那个懦弱薄情的人。

她不敢保证,鹿鸣真的倒下的那一天,她能否抛弃年轻的梦想和光明的前程,不管不顾地去他身边。

他温柔地看着她,说:"再见,保重!"

安溪点点头,一句话都说不出口。

很多年以后,安溪总算遇到了那份让她安稳下来的爱情。而鹿鸣,也早已同当年的相亲对象结了婚,生了子。

那姑娘比鹿鸣小两岁,是鹿鸣的病友。

他们知道彼此的每一个禁忌和危险,细心地照料彼此的生活。在偌大的世界里,他们维护着彼此脆弱又坚强的生活。

万幸的是,他们的宝宝今年两岁,并没有遗传到他们的病。

安溪有时候也会开玩笑地说:"我现在这么美又这么有钱,你一定后悔得肠子都青了吧?"

鹿鸣就连着说好多个"是"。

但他们都知道,其实早在一开始,他们就不曾身处同一个世界。

所爱隔山海

莉莎抱着手机崩溃地哭了。

原来很多故事在她并不知道的时候发生了,也结束了。

最糟糕的是,那些潜伏在时光褶皱中的秘密,被她翻了出来。

01

莉莎遇到一刀的时候,还是个一心只读圣贤书的书呆子。她家里条件不好,自小读书就比别人艰难,也因此,比同龄的姑娘,看着多了几分安静与懂事。

莉莎和宿舍里的同学都处得一般，除了叶琳娜。叶琳娜的床位在莉莎对面，另外两个室友出去约会、参加社团活动的时候，莉莎和叶琳娜两个单身少女就躺在各自的床上聊天，什么都聊——年少时候看的书、喜欢的演员、长大以后迷恋的乐队和最近读的作品。

这大约就叫作"投契"，莉莎暗暗地想。以至于很多年以后，莉莎不太记得叶琳娜的样子了，却还记得她们时常卧谈的岁月里盖在身上的被子。那是入学的时候统一买的——一种非常明艳的蓝色。

有一天晚上，莉莎一个人在宿舍，已经临近宿舍关门，叶琳娜还没回来。莉莎很担心她，免不了多打了几个电话。

直到第六个还是第七个的时候，电话才被接听，然而却不是叶琳娜的声音，是一个年轻男人接听的电话，他的声音很好听："叶琳娜已经回去了，她手机落在了影棚。"

走廊中飘荡着水房里传来的洗漱的声音，有点清冷的空气里，莉莎被这声音吸住灵魂，晃了神，过了一会儿她才想起来道谢。又过了大概二十分钟，叶琳娜赶在宿舍落锁前回来了。她笑嘻嘻抱住莉莎:"我们去天台吧。"

两个人就在黑漆漆的走廊里,手牵着手去天台。

叶琳娜这才从外套口袋里掏出两罐啤酒,初秋的夜晚,莉莎裹着外套,冷得不想伸手。

叶琳娜就自己打开来喝。

"我啊,今天做了一件特开心的事儿。"也根本不需要莉莎回应,叶琳娜自顾自地说,"我去拍了写真。"

她扭过头来看莉莎:"你知道的,我的愿望 list!"

莉莎当然知道,叶琳娜有一个愿望 list,拍裸体写真,去沙漠里骑骆驼,与学哲学的男人谈一场婚外情……林林总总,莉莎比谁都知道,叶琳娜心里烧着一团野火,她早晚要去一个叫作远方的地方,她会活得和她们这些循规蹈矩的姑娘都不一样。

"明天你陪我去好不好?"叶琳娜抓着莉莎的手。

莉莎有点疼,但没说,只笑着点了点头。

叶琳娜拍照的地方在市中心有名的旅游风情区,那地区曾经是殖民地,盖了一片国外风情的建筑,初秋时节,叶子还没落,阳光温暖宜人,风景美不胜收。

摄影工作室是一座独幢二层小楼,牌子上写着"氧气摄影",装修与时下流行的文艺治愈风颇不一致,灰白色调,格外简单。

前台没人,只有一个年轻男人坐在一楼客厅的沙发上摆弄手里的相机,间歇吸一口烟。大片的烟雾在阳光里氤氲成一片暧昧的光影。

叶琳娜喊他:"一刀。"

男人抬起头,眯着眼睛看了她们一眼:"哦,你来了。准备准备拍摄吧。"

这一天已经是拍摄的最后一天,莉莎站在不远处,看着叶琳娜光裸着美好的身体躺在瓷白的浴缸里,水面上漂浮着细细的白纱,她神情安静,相机"咔嚓咔嚓"的声音里,莉莎有一瞬间,觉得自己的灵魂是飘在半空中的。

就像隔岸观火,看着与自己绝无关系的另一个人的人生。

拍摄结束以后,叶琳娜笑,脸色有点红:"一刀,谢谢你,晚上请你喝酒。"

拍照的时候显得有点颓也有点凶的一刀,咧嘴一笑:"好啊。"莉莎这才觉察到他的年轻与骨子里的几分不羁。

三个人窝在小酒馆的角落里，莉莎和叶琳娜一起分一小瓶玫瑰酒，对面的一刀面前放的是一杯纯牛奶。

"他一向滴酒不沾，一个大男人还特爱喝牛奶。"叶琳娜语气里带着亲昵，莉莎腼腆地笑了笑。

一刀就示威似的，吞了一大口牛奶下去："明天我有一节专业课交论文，你替我去一下啊。"

叶琳娜就扭头："不要，我明天约了人。"

一刀挠挠头，又扭头拜托莉莎："那美女，你替我去一下啊。"

莉莎颇有点意外："你是我们学校的？"

"新闻学院，"一刀点点头，"大四。"

莉莎一向不擅长拒绝别人，闻言只好点了点头。

莉莎并不知道的是，后来很多很多次，她没有一次能对他说不。

02

一大早，莉莎还没起床，就接到了一刀的叫醒电话："莉莎，帮我去上课啊,别忘了。"

莉莎迷迷糊糊地应了一声,起床收拾,拎着包气喘吁吁地往新闻学院跑。到了教室以后,找了一个角落的位置,翻开自己的书看。

上课时间快到了,身边陆陆续续坐了人,老师走了进来,他站定在讲台上:"同学们,把论文交一下。"

莉莎抬起头,愣住了……

是的,昨天一刀有说是要交论文,一大早也有提醒她不要忘了上课,可论文,他并没有交给她。莉莎赶紧掏出手机打电话给他,电话里"嘟嘟"地响,然后走廊里由远到近响起《Take Me Home, Country Roads》。

一刀从教室的后门走了进来,径直路过莉莎,把手里的论文交到了讲台上。然后他反身折回,一屁股坐在了莉莎旁边。

"那个……"莉莎想道歉,可没有给她论文的也是他。

一刀面无表情,掏出手机开始玩游戏……

莉莎突然顿悟:"你今天有事不能来,是什么事?"

一刀拿着手机在莉莎面前晃了晃,答案不言而喻。他太过于理直气壮的态度,让莉莎无言以对。

大约这个开头有点轻松随意,莉莎和一刀,几乎是迅速熟了起来。一个是不擅长拒绝别人,性格太过于随和的小姑娘,一个是生活不能自理,性格有点无奈的坏小子。没过多久,莉莎几乎成了一刀的课外保姆。

两个人一起下了自习,一刀哥俩好地把胳膊架在莉莎的肩膀上,吹了声口哨:"下午我有活,你没什么事儿来接我下班呗。"

莉莎斜了他一眼。

"我最近胃不太好啊,影楼那边有厨房……"一刀就熟练地赖皮。

莉莎被他缠得没办法:"好啦好啦。"

一刀这才放下胳膊好好走路:"谢啦。"

认识他们的,知道他们是"好兄妹",不知道的,还以为是一对新晋情侣。这世上很多故事都是这样的,你身处其中,自以为事事清楚,实际上连轮廓都看不清楚,更不要提真相。

莉莎掐着时间到了影楼,一刀工作的时候特别讨厌被打扰,她轻手轻脚,脚步声落在地毯上没发出一点声音。

然后在摄影棚里,她看到了抱在一起接吻的年轻男女。

莉莎后退了一步，然后赶紧藏到门后面去了。她摸了摸胸口擂雷鼓般的心跳，闪身离开，就如同来的时候一样无声无息。

那一天，莉莎回到宿舍的时候眼睛有点红，她在心里偷偷地想——

原来，一刀有女朋友了……

原来，莉莎喜欢上一刀了……

只有相似的人才能在一起吧，与一刀截然不同的自己，跟他是没可能的。那就……早点抽身吧。莉莎模模糊糊地想了很久，一个人下定了决心，从此以后要离一刀远一点。

叶琳娜是在三天后回来的，她去S市参加了一个聚会。一进宿舍就歪在莉莎身上笑："一刀怎么惹你了，他跟我说怀疑自己被你拉黑了。电话不接，短信不回，连QQ都一直隐身。"

莉莎如同走失很久看见亲人的小孩子，一把抱住叶琳娜的胳膊，呜呜哭了起来："怎么办，我喜欢上一刀了。"

怎么办呢？我们年轻的时候总是在不合时宜的时间地点，喜欢上根本就不适合自己的人。也许正是对方身上与自己截然不同的地方，才吸引着我们奋不顾身，飞蛾扑火。听说喜欢一个人的心情是不听劝的。

正如彼时的莉莎，莫名其妙爱上一刀，如同深陷泥潭，察觉的时候，已经无力抽身。

03

喜欢一个人，怎么可能忍得住不理他。

不久，莉莎就和一刀恢复了邦交。一刀对她自以为藏得很好的心思，看得一清二楚，可他不问也不说，还是像以往一样，对莉莎付出，也索取莉莎的好。

有时间的时候，他们一起吃饭、逛街、看电影，像这世界上所有的好朋友一样，只是过马路的时候，他会揽住她的腰，到了马路对面，他会轻轻放下胳膊。莉莎遇到任何事情，第一时间会打电话给一刀。一刀也是，他会把所有的事情，过去的，现在的，将来的，全部讲给莉莎听。

有那么一段时间，他们的生活里只有彼此。

可在一刀忙碌的时候，莉莎也偷偷地做了很多事情。她跟妈妈学会了煲汤，因为一刀胃不好；她更努力地攒钱，想要给一刀买一份昂贵的，能跟着他久一点的礼物；她去学校附近的文身店，偷偷在胸口的地方文了一幅匕首的花纹……

她一点一滴攒着关于他的片段，注册了一个博客，每天发一条状态，写几句心情。有时候没有新鲜事，她就一遍一遍写着："一刀，我好喜欢你。可你好傻，一点也不知道。"她不愿意相信的是，一刀明知道她的心意却不回应，她宁愿他什么都不明白。真傻好歹带着真心，装傻却藏着辜。

莉莎就这么陪着一刀——

一刀分手了。

一刀的摄影作品获奖了。

一刀决定不回老家了。

所有他的故事，她都是第一个读者，但所有故事都像与她无关。

一刀比莉莎高一届，早一年毕业，离开了学校，在影楼附近租了房子，邀请莉莎去暖屋。莉莎帮他收拾屋子，洗了衣服，然后两个人手牵着手去菜市场买菜，再一起做饭。

大约是气氛太好，也大约是一刀的离校让莉莎有点失神。

晚上莉莎要走，一刀拉住了她的手。她就真的没走。

当天晚上，他们盖着一张被子聊天，像两个幼儿园的小朋友。说到好笑处，两个人笑嘻嘻地看着对方，窗帘没有拉紧，有洁白的月光照在莉莎的脸上，一刀突然倾身过来吻她，莉莎没有拒绝。直到一刀吻到她胸口的文身，突然被她炙热的感情烫伤了唇。他抬头问她："行不行？"

莉莎心里乱成一片，一声不吭。

一刀起身，从她身后抱住她。就这样乖乖地睡了一晚。

第二天早晨，莉莎看到身前一刀抱着她的胳膊，有那么一瞬间，很想哭。

很久很久以后，莉莎看到了一部电影，叫作《漫长的婚约》，男女主在灯塔里醒来，他们光洁的身体贴在一起，像一对璧人。她想，如果一刀肯给她承诺，让她等，她就会等下去。

那一段时光，是莉莎最快乐的时光，因为她以为自己伸手就能触碰到幸福的结局。

可命运偏偏喜欢，在结局之前，安排一个巨大的转折——

室友八卦兮兮地发来图片："莉莎，我看到叶琳娜的男朋友了，还挺帅的啊！"

莉莎耐心地等着图片缓冲出来，然后眼泪一滴一滴落下来，砸在屏幕上。

叶琳娜笑得很幸福，她挽着的那个男生，是莉莎已经爱到骨子里的一刀。他们站在酒店大厅的前台处。

莉莎到学院里申请了实习，一个人拉着行李箱，去了一直在供稿的杂志社。她还是像以往一样和所有朋友说说笑笑，甚至连一刀也以为她是真的遇到了很好的实习机会。

他还是会每天打电话给她。

他还是会告诉她，他所有的心事。

他并没有发现，电话那边的莉莎，一天比一天沉默。

04

莉莎一个人在异地，心里藏着一个血流不止的伤口。不到一个月，体重掉了十斤。

有一天早晨，因为低血糖晕倒在地铁里。

眼前一片漆黑，明明睁大了眼睛，却是什么都看不到。那时间大约有3秒还是5秒，莉莎的整个世界是失重的。

等她缓过来，有个好心的姑娘扶着她问道："我送你去医院吧？"

莉莎只能点点头。

接到一刀电话的时候，莉莎在输葡萄糖，她自己也不知道，原来是发烧了。她笑着告诉一刀，自己早晨晕倒了，现在在医院里输液。

两个小时以后，莉莎收拾好东西正准备穿外套，一刀气喘吁吁推开输液室的门。

一刀走的时候，莉莎去送他。

两个人相对无言，一刀这才意识到，有什么东西变了。最后他抱了抱她的肩膀，将手里的塑料袋递了过去，上了火车。

一刀走后，莉莎一个人坐在候车大厅，打开塑料袋，里面装满了各种糖。她把那些糖一个一个打开，然后塞进嘴里。

甜得发腻，那是莉莎最后一次见一刀，此后，他们的人生分道扬镳，各奔东西。

莉莎后来很多次跟闺密讲这段故事——我年轻的时候啊，喜欢的那个男孩子，特别坏。明知道我喜欢他，却不回应我。明知道我在等他告白，却和我朋友一起背叛了我。

她们都笑着安慰莉莎："谁年轻的时候没爱过一两个渣男，所幸你现在很好啊。"

距离最后一次见一刀，已经是第九个年头。

莉莎已经遇到了一个将她视若珍宝的男人，并且与他结了婚。她出版了几本小说，在青年读者群里也算小有名气。生活平稳而有序，仿佛那些兵荒马乱的青春，并不曾真真切切地给过她伤口。

然而就是那么一个平淡无奇的早晨，莉莎的手机收到了一条博客异地登录的提醒，那是她早就弃之不用的博客，记载着她所有关于一刀的喜欢。

见完客户，莉莎在咖啡厅点了一杯拿铁，登录网站查看。她一条一条看过去，然后才发现，那些她一个人写下的心情，后面都有一刀的回复。

回复的日期，就是她刚刚离开的那一年。

那时候她只顾着舔舐自己的伤口，完全没有登录过那个博客。

可就在她已经转身的时光里，他曾一条一条回复她的自言自语。

莉莎吞下一大口咖啡，还是没能忍住，她掏出手机，拨了出去。

很多故事就像多棱水晶，你看到了一面，就以为已经洞悉一切，其实还有你完全没有注意到的另一面，同样精美无双，光芒万丈。

"你问过我到底爱没爱过你，我不能说我爱过，因为时过境迁，你也早已经有了归宿。"

"我是曾经对不起你过，年少无知只是借口，那就当我欠你一辈子好了。"

"你以为我知道一切，可你不知道的，是我和你一样懦弱，不敢走出那一步。"

"我对谁都敢随便，可唯独对你，我不敢。"

"有人问我，年轻的时候有没有什么后悔的事情，我想起了你。"

"前几年我在影院看《港囧》，看哭了。我身边的姑娘还嘲笑我，看这种片子都能哭。可我看到徐来和杨伊的结局，我知道青春再美好，也都过去了。"

原来他不是没动过心。

原来很多故事的真相，与记忆里早已认定的并不一样。

她曾经爱他爱得刻骨铭心，留给她历久弥深的伤口。可原来她在他的记忆里，并不是云淡风轻的那一笔。

她那么狼狈、那么痛的回忆里，原来也藏着他没说出口的心意。

莉莎抱着手机痛哭失声，在 30 岁之前最后的那个下午。

05

当天晚上,莉莎与一个知道这故事的朋友吃饭。

朋友好奇地追问:"后来呢?"

莉莎笑:"后来,就没有后来了。"

30岁的莉莎,拥有她期盼过的安稳生活,并且不允许任何意外来打破。也许就像《港囧》里徐来对杨伊说的:"我们就应该像现在这样。"

像现在这样——相安无事,各自生活。

哪怕是阴差阳错的感情也没什么值得遗憾的,因为你应该看到的是当下的路途。

小情事

01

风月从餐厅出来抽烟，无烟餐厅就是麻烦。

可她掏出烟的时候才发现没带打火机，她左右看了一眼，一个年轻男人正站在墙边，低着头看手机。她走过去借火："嗨，能借个火吗？"

男人抬头看过来，木着脸，从口袋里掏出打火机，是纯铜Zippo，风月多看了一眼，她低头就着对方的火去点烟，头发轻轻滑了下来。

大约是这片段打动了那男人,他问:"你看过《纽约我爱你》吗?"

风月就笑:"没看过。"

他突然来了谈兴:"一个女人在餐馆门口向一个陌生男人借火,然后调情。"

"然后呢?"风月抬头,吸了一口烟。

他继续讲:"男人想和女人接吻,女人躲开了,她回到餐馆,坐到她丈夫面前去,原本她抱怨丈夫已经很久没看她一眼了。"

风月吐出烟圈,看他:"继续。"

年轻男人的烟吸完了,熄灭在垃圾桶上:"但是她对她丈夫说,我爱你,丈夫回答,我也爱你。女人就哭了。他们戴了一对金色的对戒,很漂亮。"

"可见,"风月灭掉剩下的半支烟,"电影都是骗人的。"

年轻男人站在餐馆的玻璃窗外,看见风月走进餐馆,站在一台桌子旁边,举起餐盘里的食物倒在了对面的男人身上,然后一个耳光利落地甩了过去。

她走出来,跨上店门口的机车上,潇洒离去。年轻男人忍不住吹了一声口哨。

风月没想到还能再次遇到他,还能再次认出他。

她穿着一件皮夹克坐在黑压压的人群中,等着电影开场。这家影院历史悠久,格调小众,最喜欢播放口碑老片,那天看见同城活动推送播放电影《纽约我爱你》,风月想起那天给她介绍这片子的男人实在有点小帅,就订了票。

她前面坐着一对小情侣,男孩穿着皮夹克,女孩穿着棒球服,两个人都戴着鸭舌帽,一人捧一桶爆米花。

男孩侧头的时候,风月愣住了,而他也用余光看见了风月。这次他不是木着脸了,而是特别热情洋溢地叫了一声:"姐姐,是你啊。"

风月心里忍不住爆粗口,去你的姐姐。男孩就把手里的可乐和爆米花递过来:"给你吃。"

风月拒绝失败,接了过来。

于是不知道多少年后,她又一次一边吃爆米花一边看电影了,这感觉还挺新奇的。过了 25 岁以后,新陈代谢变慢,风月严格控制卡路里,已经很多年没吃过爆米花了。

电影分为很多小片段，风月看得入神，所以当前面的女孩突然跳起来跑出去的时候，真的吓了她一跳，可那男孩还是一直很认真地看电影，连头也没回。

电影散场，风月习惯性地坐在那里，等人走光。

男孩站起来，对风月认真地伸出手："姐姐，我叫彭予。"

风月回握住他的手："林风月。"

这男孩有点邪气，严肃着脸的时候有点慑人的英俊，笑起来的时候却有点惑人的天真。风月今年 30 岁了，还没遇见过这样一个男孩让她想到"妖孽"这个词。

02

彭予是美术系的学生，再次联系风月的理由让风月有点招架不住。

他开门见山提出来意："姐姐，我想请你来做模特。"

风月就像听到了一个笑话那样哈哈大笑起来："你是说那种

不穿衣服的？"

"对啊。"

"我都这么大了，你找个年轻姑娘啊。"

彭予的眼神很认真，也很专注，有种深情的意味："他们没有你美。"

风月最近时常思考关于人生岁月青春的感叹，听到彭予的话，微微僵住了表情："我考虑下。"

"这周末上午十点，美院第三画室。"彭予利落地起身，"我相信你会来。"

周日早晨，风月九点五十抵达画室门口，彭予的眼神带着意料之中的笑意，他们甚至没有做备案，如果风月不来，就要开天窗了。

风月光裸着身体躺在白色的台布上，背对着年轻的画家们。她身形很苗条，但是细看有肉，有柔美的线条，她的头发是蜜棕色的，卷曲着披散在身后。

"这个姐姐的身体好美啊。"彭予听到身后的同学小声感叹，他的目光温柔地落在风月的身体上。

她并不年轻了，可她身上有种迥别于年轻女孩的成熟，又没有成熟女人的暮气。她游走在岁月中，是岁月的宠儿——带走了她的青涩，还保留了她的勃勃生机。

整个下午，三个小时，傍晚的光线暧昧不明。

彭予将她的大衣拿过来披在风月身上，一个下午不声不响，她几乎要累得睡着了。

他说："我请你吃饭，好吗？"

风月觉得有点累也有点饿："可我想回家吃。"

彭予就帮她拉紧衣服："我陪你。"

风月醒来已经是深夜，灶上还煨着一锅牡蛎汤。

沙发上熟睡着英俊的田螺先生。她靠近去看彭予年轻的眉眼，挺直的鼻梁，唇角的胡茬带着荷尔蒙的气息。风月情不自禁地靠近他，却对上他明亮的眸子。

他们对视了五秒钟，看懂了对方眼中的渴望，然后他修长的手指扶住她的脖子，倾身吻上了她的唇，风月在那一刻闭上了眼睛。

这男孩有种魔力，会让人忘了他的年纪，想要为他献上灵魂，臣服于他。

他们在食物的香气中接吻，抚摸对方的身体，用力拥抱，仿佛要把对方揉进自己的骨血，揉进那些对方不曾参与的岁月——他们有着错位的十年。

第二天，彭予很早就有课，他离开前为风月烤了面包，煎好了培根和鸡蛋。

轻轻吻了风月的额头。

玄关处传来门锁关合的声音，风月没张开眼睛，但叹了口气，如果他能早出生几年，再早几年与她相遇。

可惜感情这事儿，想要处处合适，真需要大运气。

而风月知道，关于爱情的好运气，她早在年轻的时候就用光了。

03

风月没有联系彭予，彭予也没有联系风月。

好似成年人的游戏,年轻如彭予,竟也老辣得很,这让风月对他更有好感。

然而,风月刚刚分手的前男友却在公司里散布风月性冷淡的传闻,风月不胜其扰,真后悔当初被他的外表骗了,谁能想到这人能下流到这份儿上。一向看好风月的董事长也让秘书来找她聊了两句。如果没有意外,风月年底有望升职,负责整个中国地区的业务,然而这个时候爆出绯闻,多少会影响她的形象。秘书也暗示,是否需要他来帮忙解决,风月摇头。

她想自己解决,同时,更重要的理由是,她有借口约彭予了。

彭予不负期望,穿着一整套纪梵希的西装,开一辆白色的法拉利458,在公司门口等风月。看到风月拎着包走出来,绅士地上前帮她拎包,牵住她的手走到车前,不知道凑巧还是有意,前男友跟同事走出电梯,看见这情景,脸色难看得要死。

彭予面色冰冷不虞,站在原地等他们走出来,前男友脚步迟疑却终究没敢认怂,走到了他们面前。他似乎想扯一个虚伪的笑容敷衍过去,彭予却上前一步,气场惊人:"先生,有点风度,分手了就别再纠缠。"

话落,转身帮风月打开车门,确认她坐好,才走到驾驶位,坐了进去。

豪车行驶在流光溢彩的公路上。

风月打量了彭予两眼,笑道:"你这是哪里租来的行头?"

彭予伸手松了松领带扣结:"我爸给买的。"

风月这才若有所悟,她开玩笑:"我不小心结识了一个富二代嘛。"

彭予却没应景地笑,而是很疲惫地说:"我宁愿自己不是什么二代,太累了,头疼。"他们开至海边公园停了下来,彭予皱紧眉头,风月轻轻摸了摸他的脖子,说:"我帮你揉一下吧。"

彭予问:"去你家?"

风月看了他一眼,才点了点头。

到了家,换了鞋,风月用皮筋将长长的卷发扎了起来,颇有几分朝气,她坐在沙发上拍拍腿:"过来。"

彭予不满地抱怨:"我是你养的狗吗?"

风月就催他:"过来嘛。"

彭予一脸不情愿地过去躺好,他的头枕在她柔软的大腿上,鼻息间满是她身上温暖的香气,她的手在他头部的穴位上轻重合宜地按摩，彭予紧皱的眉头渐渐舒展开来。

那天晚上彭予没有过夜，但是他们在电话里聊了很久，最后互道晚安。

从那天开始，风月和彭予似乎就有了默契。

他们奠定了一种相处模式，彼此陪伴、照料，相互依偎、取暖。

但不说破，不承诺。只享受，不索取。

04

他们的关系，中间也有过几次间断。

风月在家里人的要求下，相过一次亲。对方是一个外科医生，外形舒朗大气，谈吐优雅，风月也颇为满意，彭予就消失了一段时间。

直到风月发现外科医生喜欢吃榴梿，而且狂爱。她受不了，提出了分手。

彭予也交往过一个女友，两人家境相当，性格爽朗，也不是什么骄蛮的富家女,在国外留学回来,谈吐有趣,进退得当。挑剔如彭予,也挑不出来什么毛病。

可就是这么平平稳稳地交往了一段时间,彭予以"没有火花"为缘由提出了分手。

风月升职的时候,去总部工作了半年,彭予在国内完成了毕业考试,进入了父亲的公司工作。他们有了时差,又都忙,每天只能通过信息和电邮联系。

有一次彭予收到了风月寄来的明信片,上面写着:我有所念人,隔在远远乡。

彭予当天晚上就买了机票飞了过去,他们只相聚了一个午餐的时间。在机场,他们拥抱着对方,深深接吻。

那一刻,哪怕是相爱的情侣也没有他们如胶似漆。

可他们从未敢承认过对方、自己和这段感情。

风月33岁这一年,有一天早晨起来,洗完澡收拾完,准备出门,却突然耳鸣晕眩,然后倒地不起。

她拨打了120,等人来救她。

她在医护的陪伴下完成各种检查,等到她耳鸣稍微好一点,能听到医生说什么了,就听到对方叹了一口气:"都多大了,还跟年轻那会儿似的熬夜?"

其实也没什么大碍,就是长时间熬夜,操劳过度,压力大,焦虑,也不会有什么太大的后遗症,最多就是听力受损。

最后医生说:"这个年纪已经需要更多地注意身体状况了。"

风月木着一张脸走出了医院,回到家,给彭予发了一条信息:"我们断了吧。"

彭予正在外地出差,给她发了很多信息她都没回复。等他回来,已经是第二天早晨。风月脸色苍白。

"你怎么了?"他抓紧她的手。

风月却挣脱开来:"没事。"她连看都不敢看他。

"风月!"彭予抓住她的肩膀。

风月却突然闭紧眼睛,掉了眼泪:"你走吧,我不想看见你。"这么年轻美好、朝气蓬勃的你。

彭予沉默地离开,最后也不知道到底是什么地方出了错。

因为没有承诺,他们连分开也是乍然的,令人措手不及。

05

还是想念的。风月想念彭予,他年轻却可靠的怀抱,他温柔地照料,有力的手臂,比她高一头的身高,时不时就把她抱在怀里抱起来的嬉戏。

彭予也思念风月,她抽烟的样子,侧脸的风情,头发散在自己胸膛的旖旎,她精明干练像女王,撒娇卖萌也样样行。她是他黑白世界里的温柔乡。

风月似乎心如止水,哪怕思念也是不动声色的。这是33岁女人的隐忍。

23岁的彭予,明显还没有修炼到这个境界。

在时隔一个月后,他在风月楼下等她。

风月回家的时候,拎着蔬菜和果汁。看见彭予站在楼下,她定住脚步,安静地看他。

"没买啤酒？"他笑。

风月摇头，没等她说话，彭予就继续说："哦，因为你身体原因，不能喝酒了。"他的眸光紧紧盯着她。风月的衰老、窘迫、自卑、沮丧，一瞬间通通无处遁形。彭予知道，在这方面，他无能为力。

他走到她面前，问："你成熟，你果敢，你周到，可你有没有想过，我可能爱你？"

风月震惊地瞪大了眼睛，她自以为他们是有默契的，不谈爱情，不讨论未来。可彭予竟然在分开以后打破了这份默契。

她抿着嘴唇，摇摇头。

彭予无力地垂下手。

风月在厨房里煮蔬菜，音响里播放着邓丽君的《又见炊烟》：又见炊烟升起，暮色照大地。

彭予在楼下的车里吸一支烟，看着楼上温暖的灯光。

他在等风月的电话，却不知道属于她的铃声会不会响起。

毕竟，他遇见的爱情，只是她的一场小情事。

第二部分

给我一个吻，
可以不可以

・听说在这个世界上我们相遇的概率是 0.00487%。

・相遇却没相爱，是这个世界上最孤独的事情了。

・遇到爱，要狠狠爱。

每个等黎明的夜晚，都是在等你

如果你有一千个失眠的理由。

有没有一个是，少了一个相爱的人。

01

我始终坚定地认为啤酒会孤独终老，他是我见过的最不讲究的男生，没有之一。说不讲究已经是友情分，真正准确的说法应该是邋遢。

我一直觉得我和他的友情充分体现了我的人道主义精神。比如，在他玩了三天三夜游戏，饿得不省人事之后，帮他点一个外卖。或者是在他很久很久没有洗过衣服，同一件T恤里里外外穿了第四次的时候，领他去洗衣店。这已经非常仁至义尽了。

我妈跟他妈是闺密，叮嘱我一定看着他，别让他邋遢死。

可就是这么邋遢的啤酒，其实也不乏女性的青睐。啤酒是酒吧驻唱，每天晚场在舞台上大喊着躁起来，然后转过身在人海中跳水的那种主唱。

长期日夜颠倒、酗酒、没人照料使他很瘦，神经质的那种瘦。可爆发起来的样子又让人觉得他很有力量。就是这样矛盾的模样，被无知少女们称作"迷人"。

啤酒交往过很多女友，只谈情不说爱的那种。无一不是大胸、长发、无脑。除了跟啤酒说"宝贝儿，下次找我"，其他的什么都不关心。

02

就在啤酒驻唱事业巅峰的那年，一晚上能赚几千块。他时常大半夜地拉我出来喝酒，然后说："妹子，想吃啥随便点。"在100块钱能撑死的烧烤摊充大爷。因为他这么贱，我通常点200块钱的。

我时常一边咬着肉串一边看着他，问："啤酒，你什么时候找个女朋友，照顾照顾你吧。"

啤酒猝不及防被催嫁，呛了一身酒水："谁说我没有啊？我有啊。"

我鄙视他："你说的是莉莉还是露西，还是韩梅梅啊，你知道昨天晚上睡你家的女人是黄头发还是紫头发吗？"

啤酒被说得面红耳赤，在他的概念里，我应该是个纯洁的小妹妹，对他醉生梦死的生活，不该如此了解。他不得不应承我："好啦好啦，我会努力的。"我当然知道他只是敷衍我，可我没想到这敷衍这么快就成了真的。

有一天晚上，还是那个烧烤摊，还是200块钱的串，还是那个邋遢的啤酒，我却觉得有哪里不太对劲儿了。我看了半天，上上下下，最后我惊呆了，啤酒你T恤上没有牙膏印，没有菜汤，没有不明污渍。

他羞涩地低头闻了闻说，香的。

从他7岁那年，他妈死了以后，应该就再也没有这么干净过了。

然后他双眼发光，像狼想起肉似的说："妹儿，你知道吗？小艾特别会收拾屋子，明明那么乱的地方，她随便装饰装饰就像杂志里的照片似的。"

"小艾还很会做饭，她会一天三顿换着花样给我做。她做饭还特好吃，尤其小鸡炖蘑菇，跟我妈做得一样好吃。"

"她还会带我看医生，我后背有一块疹子，她每天给我擦药。"

臭男人，生生把我说哭了。

啤酒7岁那年，他母亲得了乳腺癌，死了。啤酒一个臭小子被丢回他姥姥家，自此就没什么人管他了。我妈看着往日情分，多少会照顾他一点，但跟我照顾他的程度也差不多。不让他饿死，不让他邋遢死。仅此而已。

啤酒没读过多少书,形容什么东西好吃,最高的赞誉就是"跟我妈做得一样好吃"。如今出现个姑娘能把他收拾得人模狗样的,跟他谈恋爱,让他吃得饱穿得暖。

我高兴到极致,就特想哭。

我一边哭一边狠狠吃串,烧烤摊老板劝我,姑娘,不能吃辣少吃点。

我干了一杯啤酒解辣,让啤酒快点交代清楚他的恋爱经过。

啤酒是在唱歌的时候见到小艾的。

当时他正在台上嘶嚎,就看见台下一个角落里,一个男人正拉扯着一个姑娘,怎么都不撒手。那姑娘一直挣扎啊挣扎,灯光打到了她的脸上,啤酒突然就懂了什么叫一见钟情。他一边大喊着放下那个姑娘,一边跳水,让人们把他运了过去。

啤酒就是这样从天而降,出现在小艾面前的。

那男人是小艾的前男友,纠缠不休的实在恼人。小艾看见啤酒出来英雄救美了,立马揽住他的脖子就是一个火热的长吻。

当天晚上,酒吧里的气氛嗨翻了天。

啤酒和小艾就这么谈上了恋爱。这是看似放荡不羁的啤酒人生中实实在在的初恋。

03

小艾原本有焦虑症,时常有大片大片失眠的夜晚。

睡不着的时候,她就瞪着眼睛看着漆黑漆黑的夜色。因为失眠,总是脾气很暴躁。她的前男友就是用这个作为借口甩掉她的,更恶劣的是,分手的时候,明明是他劈腿在前,却偏偏要散播小艾性冷淡的传闻。

后来看小艾依旧意气风发,甚至升了职,竟然想回头被前女友潜规则,每天纠缠小艾。

啤酒和小艾在一起的第一件事儿就是去他们公司楼下蹲守,然后亲口告诉小艾前男友一句话:小艾跟我在一起好着呢,跟你在一起才性冷淡。

然后用摩托车载着小艾,呼啸而去。

小艾觉得他棒呆了,晚上的时候就会下厨做饭给他吃。

她最拿手的搭配是小鸡炖蘑菇和芝士面包片。白色的西餐盘子里,银色的刀叉闪闪发光,淡黄色的芝士带着满满的香甜气味儿,除此之外,是小鸡炖蘑菇特有的香气,鸡腿和菌类的香味交织在一起。

啤酒拐拐我的胳膊,说:"妹儿,你知道吗,棒呆了!芝士面包就是小艾,小鸡炖蘑菇就是我,我俩结合在一起就是一种非常奇妙的搭配,天……天天向上啊。"

"你是想说天衣无缝吗?"

"啊,是的。天衣无缝,特合适。说到衣服,小艾穿着我的衬衫的时候特漂亮,跟穿着白婚纱一样美。"

"你想娶她?"我简直诧异了。

啤酒自己说完也震惊了,沉默了半天,一边哭一边笑着说:"对啊,我想娶她。"

啤酒小时候是我们小镇的孤儿,长大后是这个大都市的浪子。讲实话我和我妈对他称不上十分好,连他家人都不要他了,我们能做什么呢？可有时候因为这种心理，我是很责备自己的。

尤其啤酒热忱地看着我，喊我妹儿的时候，我觉得自己对他不够好，对他有愧疚。

他之所以在这边唱歌，很大一部分原因是我跑来了，他为了照顾我才来的。可现在，他竟然想娶一个女人，扎下根。

04

啤酒开始以结婚作为前提和小艾谈恋爱。

他们俩特好，一脸的夫妻相。有的时候，啤酒也会带着小艾来见我。我们一起坐在盛夏的凌晨里撸串。小艾和啤酒穿情侣装，踩着情侣人字拖。啤酒被收拾得很利索，竟然能看出几分英俊的影子。

小艾是个单眼皮女生，笑起来的样子很有感染力。——看见你笑了，我也想像个傻子似的跟着笑。连身为女生的我也不能免俗，我也很喜欢小艾，她来做我的嫂子，我是愿意的。

相爱的人在一起久了，很容易就能看到天长地久的模样。

他们非常默契，很多时候彼此不说一句话，可是对方需要什么，一个眼神就懂了。

像是一对小夫妻，他们每天傍晚去买菜，回家做饭、吃饭、洗碗。然后坐在沙发上看一场老电影。那时候他们特喜欢的一部片子叫《朱丽叶与梁山伯》，年轻的吴镇宇有一种很特别的气质，小艾觉得啤酒跟吴镇宇神似，最后吴君如没能等到吴镇宇回家吃饭。小艾问啤酒，你会每天回来吃饭吗？啤酒拼命点头，两人就会挤在单人沙发里接吻，吻到舌尖发麻。

他们不在乎粮食和蔬菜，也不在乎诗歌和远方，只在乎和眼前的这个人，能不能天长地久地在一起。

没有什么套路，也没有任何的招数。就笨拙得像两个孩子，特别直接地讨好对方。分食好吃的食物，看到漂亮的东西就想让对方也看到，每天晚上睡觉，一个弓成虾子，另一个就紧紧贴住后背，抱着前面的人。不管多热，一定要紧紧抱在一起睡。

小艾跟我说，有天晚上她憋尿醒了，借着窗外的路灯，能看见啤酒一只手垫在她的脖子下面，另一只手抓着扇子，还在给她有一下没一下地扇风。她说，那一刻，她想到过一生。

小艾是中央商务区高级女白领，啤酒是酒吧街常年小驻场，怎么看都是艳遇的标配。

不知道是莉莉还是露西又开始频繁联系啤酒，约他出去玩。啤酒一次又一次不为所动，直到一次啤酒在台上唱歌，小艾在台下看着他。

红头发的莉莉突然跳上台，对着啤酒大跳艳舞。下面的人一片欢呼，只有啤酒像被踩了尾巴，一边拿着话筒，一边跳下台，走向小艾。歌还在唱，音乐还在继续。

他单膝跪地，牵起她的手。用词不达意的歌声表达忠诚和爱意。那以后，再没有人对啤酒示爱。他已经给自己贴上了专属标签。

也有那么一次，小艾和同事一起吃午饭，同事是上了点年纪的同性，往日里也有点交情，仗着这点交情，对方语重心长地告诫小艾，女孩子的好颜色只有这么几年，要找个靠谱的男人交往，别在随便的什么人身上浪费生命。

正巧下班时候遭遇全市暴雨，蓝色预警。同事的高管老公也困在自己的公司里没能出来，两个人在电话里一筹莫展，商量怎么回家。

啤酒穿着雨衣骑着机车赶到小艾公司,看到小艾的瞬间,他露出白白的牙齿,笑了。

"你怎么来了?这么大的雨。"

"不看到你总是不放心。"

小艾穿上啤酒带来的雨衣,再戴上机车帽。他们穿越雷电和暴雨,在雨势变得更大之前回到了家。

热忱的恋人只想着在一起,从不怕淋雨。

05

很多时候我们失眠,是因为缺一个相爱的人。

和啤酒在一起以后,小艾再也没有失眠过。

就是那么相爱的时候,让小艾患上失眠症的人出现了。

小艾曾经也是活泼爱笑的小女孩,并不是岁月把她变成后来冷淡暴躁的模样。

很多姑娘年轻的时候,都暗恋过那个叫作班长的男孩。他优秀、冷静、成熟,大部分还长得不赖或者气质很好。

小艾的班长大人也是这样一个男孩，他们一起参加补习班，一起跑过盛夏的雨，一起分享青春里的悲欢苦乐，他们在一起漫长的7年后，班长出国留学了。

当时小艾说，如果你走，就是放弃了我。我绝对不会等你。

班长还是走了。

后来无数个失眠的夜里，小艾也曾想过，还不如当时答应他，等等他。有一个可以等的人，总比好像永远等不到黎明的夜晚强得多。

小艾并没有苦守寒窑，她依旧工作出色，稳定地交往男朋友，只是再没有一个人能让她那样快乐了。直到遇到啤酒，他孩子似的天真打动了她。有时候她会觉得自己养了一只大型犬，对他又怜又爱。可她，其实并不知道自己爱不爱它。

班长出现在小艾面前的时候，如同当年他们恋爱时一般英俊，更添了很多意气风发。如今他风光回国，受聘于一家外资企业，空降高管。年轻英俊多金，事业有成，又有多年前的情感基础，比啤酒强的不是一点半点。

小艾上了班长的路虎，啤酒骑着单车站在路口，没有勇气上前喊住她。

当天晚上，小艾回家的时候已经12点，她神色恍惚，直接去洗澡睡觉了。没有看到啤酒对着电视机的表情，是那么的彷徨又脆弱。

啤酒不敢捅破那层窗户纸，他怕他一旦说破，就连糊涂都装不了，立刻就会失去她。那段时间，正好赶上小艾生日。啤酒喊了一群狐朋狗友去家里给小艾庆生。

一群人热热闹闹地吃烧烤，小艾笑得脸红红的。

这时，门铃响起，小艾去开门。花店的小哥笑着说："美女生日快乐！"随之而来的是一千朵红玫瑰，被工人陆续搬了进来。最后是一个黑色的丝绒礼盒。

大家嬉笑着："啤酒，你行啊，真人不露相啊。"

只有小艾和啤酒面色尴尬，不敢看对方。朋友们为了两人的二人世界，不多久就走了。只有桌面上孤零零的礼盒打开着，一枚克拉钻戒亮晶晶地刺痛着啤酒的心。

卧室里小艾气愤地怒斥对方："你凭什么这么做？我有男朋友了！我说过别打扰我的生活！"

不知道对方说了什么，不久以后，爆发出小艾痛苦的哭声：

"这么多年，你已经错过我了……"

啤酒紧紧握住了手里的啤酒瓶，空荡荡如同他的心。

小艾越来越沉默的样子，啤酒看在眼里。为了不让她为难，啤酒把自己打包好，送到了我家。

"就让我住一阵，小艾走了，我就搬回去。"他一边说一边落寞地低着头，像是一只刚找到新主人的流浪狗，又被赶出了家门。

我本以为没有了小艾的照顾，啤酒会迅速变回原来邋遢的样子，可他竟然没有。他说，保持自己现在这个样子，就好像小艾还在他身边一样，特有安全感。只是有一天早晨他刮胡子的时候突然顿住，问我，妹儿，应该先拍水，还是先喷泡泡……

以前的他从来只是直接刮了就好，管他划破几道口子。后来却是小艾每天细心地给他刮胡子，连皮都没破一丁点。

他垂下了手，第一次说，我想小艾了。

06

小艾再次出现，是在一个月以后。她在傍晚来了，带走了啤酒。她跟他说，你该回家吃饭了。

啤酒一边哭一边牵着小艾的手。走了，连行李都不要了。

小艾原本以为她跟啤酒的关系，就像啤酒以前的女友们一样，只是上上床，无关其他。可没有啤酒的日子里，她又开始失眠了。

不知道是谁说的，约炮约过一次，还想约第二次的时候，你就知道答案了。可他不在的日子里，每天都想一万遍"一生"，是不是真的就可以和他过一生了。

于是小艾知道，该喊啤酒回家吃饭了。她说："那段时间，我是迷路了。想了那么多年的人，乍然出现，如同一场不切实际的梦。我会想，我因为他受了多少苦，于是那么多年蛰伏的怨恨爆发出来，会有还深爱着的错觉。可你不应该就那么走了，把我拱手相让。我迷路了，你应该去找我，而不是等我自己找回来。"

啤酒哽咽："可我，总是在原地的。"

小艾再多的话，也没有了声音。

啤酒娶小艾的那一天，天朗气清，惠风和畅。

他拉风地找了18台哈雷机车，上面扎满玫瑰。他穿着机车服，载着身穿白婚纱的小艾，穿过城市里最繁华的街头。

他们没有摆酒，也没有拍婚纱照，甚至没有蜜月旅行。他们没有钱，他们只有爱。

啤酒娶小艾那天，轰隆隆穿过城市的机车声，早已经对全世界宣告了他们的爱情。

我再也没有怀疑过啤酒会孤独终老了，在这个孤独的世界里，他已经有了归宿。

我的贱女友

大春暗恋林松子,是从十万块钱开始的。

大三那年,我们学院为一个生病的同学捐款,所有同学都铆足了劲儿,把买衣服的钱、吃饭的钱省出来,捐出去。可最多也就是几十几百,上千的都少。就是这样的氛围里,有一个姑娘大手笔地捐了十万块。

后来,我们宿舍的包打听回来八卦,那个姑娘是林松子。是她,大家也就不奇怪了。

林松子是我们学院有名的白富美,在一群参差不齐的柴火妞里,简直像拔地而起且高不可攀的山。我们一群男生聚在一起,说的不外乎是游戏和女同学。林松子早就被谈论过无数遍了，因为她样貌漂亮，精通打扮，却从来不搞高冷范儿，个性温柔大方，几乎是全校园男生的女神。

她裸露，但不风骚；热情，却并不轻浮。那是一种超越年龄的精致美丽。

我们只是过过嘴瘾，从林松子手里接过十万块钱的大春，却是动了真心。

01

林松子这种白富美，追求者太多了。但这种姑娘，毕竟不是我们这些凡夫俗子可以驾驭得住的。可大春，却像是根本听不懂我们的劝说，就那么一头扎了下去。

如果林松子永远都是那个白天鹅般的存在，可能看都不会看大春一眼。可是白天鹅的童话破灭了。

还是包打听兴奋地跑回来说："你们知道吗？那个林松子，是个假白富美。因为交了个公子哥男朋友才那么阔气的，其实她爸妈都是工人,她家就是一般家庭。跟咱们都一样!摆什么假清高的姿态嘛。"

大家一哄而笑,只有大春噌地站了起来,炮弹一样冲了出去。

他还穿着塑料拖鞋、短裤和球衣,刚刚洗过的头发还湿漉漉的。他没有多英俊的样貌;成绩也不上不下,没有什么学霸光环;他不善言辞,人前人后总是最沉默的那个,可是他义无反顾地站在林松子面前的时候,突然就像个骑士了。

"同学,有什么事?"林松子还是那么温柔,笑得那么好看。

大春心里有点涩涩地疼,这疼战胜了他手足无措的紧张,他认真地看着林松子,磕磕绊绊地说:"我……我听说你分手了,想问问你,我……我能不能……能不能追求你。"话落,大春有点黑的皮肤上就泛了点红光。

林松子有点讶异地瞪大了眼睛:"你是可怜我吗?"

刚才还紧张得要死的大春却笑了,"你有什么需要可怜的。你只是失恋了,可这个世界上大部分人都失恋过。我只是,"他挠挠头,有点不好意思地承认了自己的盘算,"我只是想乘虚而入。"

林松子抿着唇,笑了。

从此，进进出出，林松子身边始终有一个沉默但是坚定的大春。他真的像个骑士一样，血雨腥风里，勇敢地保护着他的公主。

林松子的事情不知道怎么传到了她的家乡，她父母都是老老实实的好人，听说了消息就赶紧买了车票跑过来。

林父看见女儿一副漂漂亮亮、娇滴滴的样子就来气，这光鲜亮丽的姑娘，哪里是他朴素听话的女儿，还没等林松子说话，一个耳光就招呼上去了。可响亮的一声之后，林松子惊讶地看着挡在自己身前的大春。

林父也瞪大了眼睛，停了手："你……你……你是谁……"

大春一向憨厚的脸上露出了腼腆的笑容："叔叔你好，我是松子的男朋友。"他的手在身后对林松子摇了摇，示意她不要出声。那一刻，连燥热的夏天里温热的风也变得没那么讨厌了，聒噪不止的蝉鸣也显得生机勃勃，林松子，轻轻地把自己的手，放进了那只大手里。

大春的笑容更真诚了，他对林父道歉："抱歉叔叔，我们交往这么久，还没去家里看看您和阿姨。"

他真诚的笑容，朴素的装扮，憨厚可靠的模样，都让林父林母突然松了一口气，林母抱着丈夫的胳膊就呜呜哭了出来："我就说……我就说……这些丧尽天良的,散播这种谣言……"

大春非常称职地扮演了一个准女婿的身份,里里外外把两个老人照顾得无微不至。林父走之前的最后一个晚上,和大春坐在小饭馆里喝酒,他特别诚恳地拜托大春好好照顾林松子,说得林松子满面通红:"我这个闺女,我知道,有点横劲儿,可是心软,容易糊涂。你多照顾她,以后来家叔叔接着跟你喝。"

他说得语焉不详,若有所指,几天下来,老人大概早就看清了一二,只是不忍拆穿。大春喝了酒,黑黑的脸上也有点通红的意思:"叔您放心,我以前懦弱,让松子受了委屈,以后一定好好照顾她,再也不让别人欺负她了。"

林父笑呵呵地喝了杯中酒,第二天带着林母回了家。

大春看着两个老人走了,规规矩矩地松开了握着林松子的手,这几天的落落大方统统不见了,反倒是林松子,笑眯眯地凑上去,亲了大春的脸颊,她说:"谢谢你。"

这是一个感激的吻,无关爱情,大春知道,可他还是笑得连眼睛都找不到了。

大春傻得执着,我们所有人都劝他冷静一点,别一头扎进去。

可大春一脸正经地问我们："你知道什么叫作求仁得仁吗？我现在就是求仁得仁。"

他甘之如饴，我们只能祝他好人有好报了。面对林松子这样的美貌，进进出出地跟着，竟然除了林松子主动的那一吻以外，什么事情都没发生过。大春，当然是个真真正正的好人。在一群围着电脑看片玩网游的宅男中，简直是一股清流。

02

大约真的是好人有好报，大春在圣诞晚会上，被林松子转了正。

林松子这种容貌资质，哪怕是褪去了白富美的光环依旧吸引着各种青年才俊，圣诞晚会，更像是她的专场。去邀请她跳舞的男生一个接一个，无一不暗示着想要和她交往。而大春，看着一个又一个比自己优秀的男生对林松子示好，一时间连阻止的理由都找不到，只能黯然伤神地站在一边。

午夜12点，灯光大暗，大春不知道被谁扯了一把，然后一个柔软芬芳的吻就落在了唇上。没等他反应过来,灯光一亮,几乎所有人都看到了槲寄生下,一个身形娇小,穿着黑色连衣裙的姑娘,踮脚吻上了大春的唇。

而她,不是林松子。

彼时,黑裙姑娘面带挑衅地看着林松子,而大春一脸痛苦难过,看着林松子的表情像要哭出来了。

场面一时尴尬,静默无声。

直到林松子踩着女王般的脚步走了过来,站在树下,双手抓住大春的衣领,把高大的他扯得半弯了腰,然后用力吻了上去。大春愣了一下,然后双手合抱住林松子细细的腰。

全场口哨加鼓掌,为命运多舛却坚定不移的大春,终于守得云开。

那个晚上,雪花在窗外簌簌地落下,不知是谁先喊出了那声:"下雪啦。"大家都围到了窗边去看雪,林松子依偎在大春坚实宽广的怀抱里,舒服地喟叹了一声。

她小声地说:"圣诞快乐!"

大春却在嘈杂的人声中听到了她细小的声音,回应了她:"圣诞快乐!"

谁也没想到，看似木讷老实的大春，谈起恋爱如同情场老手。有人说，有了爱情的姑娘，是否过得幸福，全写在脸上。

曾经活在白富美传闻中的林松子，潇洒漂亮自不用提；后来回归朴实生活的林松子，虽然还是美，但多了两分被流言蜚语困扰的疲惫；而如今的林松子，像是被洗掉了所有尘埃，肆意盎然，熠熠生辉。

按照惯例接送不止，大春还自动开通了爱心早餐功能，每天早晨跑到学校外面的小吃街去买早餐，一周7天不重样。买了早餐还要配一杯鲜榨果汁，然后送林松子去上课。晚上呢，接了林松子出去吃饭。大春家庭条件一般，可他做了两份家教，收入很不错。他本身又没什么花销，就全部用来谈恋爱了。

钱多的时候就吃顿好的，少的时候就找有特色的小店面。

其实很多时候，一对恋人在一起过得幸福与否，和有钱没钱都没关系，而是看有心没心。有心的大春，给了林松子从未经历过的美好时光。

毕业季，林松子和大春，一起留了下来。

大约所有狗血剧的桥段都是取材于生活，于是当你真的遇到了那个最不想重逢的人,只能感叹戏如人生。

林松子毕业实习的第一家公司,就获得了很不错的工作机会。在一次策划讲解中,她遇到了临时决定过来检查工作的高层考察团。陈公子西装革履,还是如往昔般英俊潇洒,他对林松子轻轻一笑,绅士地问候:"好久不见,过得还好吗?"

被好事者看在眼里,不过半个月,林松子曾与老板之子恋爱的消息就不胫而走,传遍了公司的各个角落。

大春来接她下班,看到同事或闪躲或兴奋的表情,就知道或许是发生了什么事情。可他没有询问,而是像往常一样,带林松子回家,给她做饭,收拾屋子,放洗澡水。直到林松子洗完澡,整个人都放松下来,大春才坐在她身边,一边帮她擦头发一边问:"怎么了?"

有些往事,不是不提就不存在了。林松子其实早就想对大春说一说自己的故事了。

林松子和前男友陈公子,是在孤儿院认识的。林松子去孤儿院做义工,陈公子是作为热衷慈善事业的捐款人出现的。

活动结束,林松子对着面前的陈公子笑了笑,她说:"谢谢你的善款。"

陈公子也笑了，他说："可以给我你的电话吗？"

生活不是偶像剧，可陈公子和林松子的恋情却水到渠成。

其实大部分公子哥都是非常有教养的，他们从小接受最好的教育，多少都会一两件乐器。桀骜不驯，却比同龄人更早地明白自己的目标和责任。陈公子也是，他在他们交往的第一天就跟林松子说，我很喜欢你，可是我没办法娶你。

林松子原本就是极其洒脱的个性，爱情嘛，花开花落。缘分来了就相爱，缘分走了就分手。没什么大不了的。他们一拍即合。

陈公子带着林松子去看画展，听音乐会，打高尔夫，品酒，玩儿各种有钱人的消遣，林松子是个悟性极高的学生，不过半年的时间，就比大部分富贵乡里长起来的姑娘优秀很多。陈公子很喜欢她。可不同的是，林松子却在一段注定看不到结局的恋爱中弄丢了心。

一次他们玩滑水，林松子从滑板上掉下去了。冰冷的海水没过头顶的时候，林松子却因为肌肉疲劳，大腿抽筋，没办法游上去。

陈公子奋不顾身把她从海里捞出来的时候，林松子绝处逢生却没有多高兴，因为在失去意识的刹那，她脑海里只有陈公子英俊的脸。

她睁开眼睛的瞬间,蓝天白云无边际的海面,她吻上他的唇。像没有过去也没有将来,只有当下的片刻时光,波光粼粼里,他是她偷来的恋人。

下飞机的时候,她问他:"你是不是真的不能娶我?"

老练如陈公子,瞬间就明白了她的心意。他一脸歉疚地说:"抱歉。"

那以后,他们有一个月的时间没有见面。

林松子想,缘分走得太快了啊,在她刚刚心动的时候。

陈公子再一次出现的时候,开着一辆几百万的跑车在路边等林松子。

他们一向的约定,是谁也不要真正地走进对方的生活。其中自然也包括,陈公子不能到学校里接林松子。

所以林松子看到他的时候,就明白了他是来道别的。

陈公子送了林松子一捧法国空运的红玫瑰,娇艳欲滴。在绿荫浓浓的长路上,在她额头上留下了一个吻。他说:"如果没有肩头的责任,我一定会娶你。"

无论真假,林松子都感谢他在分别的时候,给了她足够的尊严和照料。

她回抱住他的腰,说:"谢谢你。"一句我爱你,还没说出口,爱情就结束了。

第二天,林松子是个假白富美,而且对方要跟真的白富美订婚了,林松子被甩了的消息,如同长了翅膀一样,飞遍了学校的每一个角落。

随后,素未谋面的大春突然跳了出来,把林松子从沼泽中打捞起来。

也许很多事情,冥冥之中早有天定。从不相信缘分的林松子,也不得不相信,她和大春也许是有着缘分的。

03

陈公子并没有刻意对林松子示好,可是偶尔遇到,那亲切愉快的笑容已经足以把她送上风口浪尖了。

陈公子从来没对林松子做过什么坏事,一向风度翩翩。以至于如今面对他一如既往的温柔,林松子也不知道该怎么告诉他:

"喂,别对我笑了,你再对我笑,我要倒霉了。"

没几天,陈公子的未婚妻就和陈公子一起来开会了,不知道什么原因,他们在董事会上起了非常严重的争执,这件事情如同风暴过境,所有基层员工都受到了低气压的影响,战战兢兢地坐在工位上,连洗手间都尽量少去了。

林松子因为要赶一份策划,下班的时候已经很晚了。坐了一天,身体已经僵直的她,决定走楼梯,却在楼梯间遇到了一脸落魄的陈公子。

她逆着光站在楼上往下看,他的脸在光晕中毫发毕见,还是那么贵气又英俊,但因笑容里缠着几分虚弱,凭白令人心疼。看清楚是林松子,他松了口气:"一起吃个饭吧。"

林松子这才想起来下午大家盛传的八卦,她犹豫了一下,还是点了头。

哪怕没有了情义,也还存着几分仗义。

林松子又一次坐在了高级法国餐厅,小提琴的声音跌宕优雅,灯光明亮中带着温馨,银质刀叉光亮亮地躺在手边,主厨烹制的惠灵顿牛排有着金黄色的酥皮,这是林松子久违了的上等生活。

可气氛,却再也不同了。

两个曾经笑语连珠的恋人，相对无言地吃着盘子里的食物。直到陈公子先放下了刀叉，笑道："我以前从来不觉得娶一个不喜欢的女人有什么困难的。我的父亲和母亲也都各自有情人，我身边的朋友，也无一不在开始就有了自己既定的伴侣。可是和你分开后，不喜欢的女人就像火候太大的牛排，索然无味，难以下咽了。"

他的话语中，带着明晃晃的试探。林松子也放下了刀叉，用餐巾纸按了按唇角："以前我最喜欢的就是这一道惠灵顿牛排，所以你时常带我吃。"

陈公子像是回忆起了从前的时光，嘴角微微上扬。

"可是，"林松子语义一转，"后来我遇到了我现在的男朋友，他带我吃过很多食物，有贵有贱，有甜有辣，我们在旋转餐厅用过餐，也在路边摊上撸过串，我发现一个特别奇怪的事情，就是竟然有那么多美味的食物。再后来我才明白，好吃的不是食物，而是身边的这个人。因为有他陪着，所以再寻常的食物也变得有滋有味。"

陈公子的眼光中，有羡慕，有后悔，也有理解："我很高兴，你遇到了懂得珍惜你的人。"

林松子举起了酒杯："祝福你。"

我已经有了自己的幸福，所以我祝福你。曾经的恋爱既然已经结束，那么再温暖迷人，也让它过去吧。因为未来，还有很多甜蜜的故事等待发生。

林松子拎着包离开餐厅的时候，一边打着电话一边甜甜地笑："回家给我煮个面好不好？我刚吃了一口半生不熟的牛排，胃好痛啊。"

大春在春风沉醉的夜晚中，温柔地说："好！"

林松子转正的这个月，正好是公司的年会，林松子因为工作成绩突出，得到了最佳新人的奖项。她要在公司年会上领奖，于是一早就提醒大春，一定要去看她领奖。两个人手牵着手去商场买了两身新衣服，开心得像两个得了奖状的孩子。

公司年会在一家五星级高档酒店，一系列流程之后就开始了对员工和团队的表彰。林松子的最佳新人奖，在最佳团队后面，最佳团队的负责人在领完奖并致辞之后，屏幕上自动显示林松子的个人介绍，变故就是在这个时候产生的——

原本应该出现的林松子的艺术照片和成绩介绍却变成了林松

子与陈公子交往时期的照片,两个人亲昵地抱在一起亲吻、出入酒店和奢侈品店的照片,一张一张地放映在所有人面前。图片配文也颇为大胆火辣:大学生被富二代包养、伪装成白富美、卖身换包等。

林松子原本红润的脸色,一瞬间苍白起来。

时光像是溯流而上,那些令人难堪的、无处闪躲的流言蜚语,潮汐般汹涌而来。大厅一瞬间充满了嗡嗡的议论声。

林松子先是看到了坐在主桌上,离她很近的陈公子,不久之前的一个晚上,他才温柔地试探过她,可如今他面色冰冷严峻,如同无情无爱的雕塑。

然后,她看到了大春,永远沉默的、温暾的、憨厚的大春,一脸冰雪般的神情,议论声中,他一步一步走向控制室,嗡嗡声伴随着他的脚步一点一点褪去,直到控制室中出现轰隆一声,投影突然消失,顶灯大亮,明亮的水晶灯下,每个人的表情都像藏着恶意的盼望。

一直沉默着,看着事态发展的主持人突然问道:"这位……林松子现任男友?你是不是跟我们一样,被林松子骗了?"看到大春似乎想要上台,她先一步把话筒递了过去。

话筒发出"嗡"的一声,大家再看过去的时候,巨幕的屏下,只有高大的大春站在那里。他抿了抿唇,似乎并不适应这样的场景,可他看了一眼林松子,她满脸绝望,像要晕倒了。

于是,他只能逼着自己说出第一句话:"你们好,我是大春,是林松子的男朋友。"

第一句话说出去以后,第二句、第三句就不会太难了:"松子从来没有骗过我,她和陈先生交往,我是知道的。事实上,因为他们分手,我才有可乘之机,能够守在松子身边,最后成为她的男朋友。松子是普通家庭的女孩没错,可是谁说过谈恋爱也要门当户对?他们阶级不同,但是他们恋爱了,这就是错的吗?林松子,她是我见过的最勇敢的姑娘。她敢爱敢恨,敢去做一切美好但是需要勇气的事情。这是那些只敢议论和嘲讽的懦夫们,一辈子也做不到的。我爱林松子,只要她愿意,我随时愿意娶她回家,一生一世爱护她。请你们,不要再伤害她!"

林松子的眼泪一滴一滴落下来,她捂着自己的嘴,不敢哭出声音。大春走下台,把她背了起来,往外走去。

他们走了很久,林松子没有说话,大春也一直没有停下。

很久很久以后,林松子用沙哑的声音感叹:"如果,如果一开始我遇到的人就是你,多好。"

大春却笑了:"也许一开始你遇到的是我,说不好根本就看不到我的好。傻瓜,我们还有漫长的一辈子,不用感叹短暂的曾经。"

林松子抱紧了大春的脖子,这是她遇到的最好的骑士。

听说后来,陈公子还是娶了他的白富美未婚妻,哪怕这个未婚妻很早很早之前就跟踪他、威胁他,后来还试图报复他、控制他。

而林松子终于带大春回了家,告诉爸妈,她要嫁给身边的这个男人。

后来的后来,很多人都羡慕当时那个毫不出彩的大春,竟然得到了女神的青睐,可并不是谁都能够爱得起这样的一个"贱"女友,任凭飞短流长,也给得起怀抱和承诺。

我很穷，可以嫁给你吗？

听说昨天晚上你的城市有雨，狂风大作，还下了冰雹。

今天早晨我想发个信息问一下你好不好，想了想又作罢。大半夜的，你总不会还在外面晃荡，能有什么不好的呢？哪怕没有关窗，也不过是场无伤大雅的小感冒而已，总会好起来的。

就像你刚刚离开的那一年，我总是一晚一晚的睡不暖，后来买了一床电热毯，时间长了也就适应了。

没有什么会永垂不朽。记忆，也会模糊的。

所以忘记你之前，我想再讲一讲我们的故事。

01

遇到阿光的时候,我才知道"天之骄子"这个词是什么意思。

小时候特别喜欢看的玛丽苏小说里面,男主不是校草就是殿下,家里有钱到可以开着飞机上学,飞机上还会撒玫瑰花下来。可所有想象和憧憬,都是因为没见到过真实存在的,那么光芒四射的人。

大一开学是家里的司机送他来的。大二他考了驾照,就自己开一辆形状很酷,只有两座的劳斯莱斯。他穿的衣服、背的包包,乃至帽子饰品,据说都很贵,可那些奢侈品的LOGO我一个都不认得。

按照常理,我和阿光的圈子完全不同,根本不可能有交集,可我们选修了同一门校公选课,阿光在校内论坛悬赏五千块买学期论文,只要过了就给钱。我很穷,很需要这五千块钱。于是我加了帖子里的QQ,约定了见面的时间和地点。

我穿着县城早市上买的棉服,因为这个城市的冬天太干,脸上有些皱了。我扎着最老土的那种长辫子，坐在教室的最后一排等阿光。

阿光站在我身边，看着我，我忍不住自卑地低下头。

"你长得真像……"

我真不知道他会说什么，半天，他才绞尽脑汁想到了一个形容词，"你长得真像好学生啊。"

我忍不住扑哧一笑。

他也笑了，然后从包里掏出一张A4纸，递给我。我打开一看，忍不住惊讶。阿光已经写好了论文的选题和提纲，只需要按照他的要点一一论述，再把引证的书目整理好就可以了。我忍不住抬头看他："这……"

阿光拿起我的手机——一只只能接打电话和发信息的老人机，露出一点新奇的眼光，但是并不令人难堪，似乎只是单纯的好奇，他在我的手机上输入了自己的电话号码，然后递给我："写完给我电话啊。"

我握着手机，手心发烫，有种发烧的错觉。

刚刚想说的话也忘了说："这样的话，就不用五千块啊……"

讲实话我有点意外，他的提纲列得很好，观点也很有新意。

而他本人，长得很像纨绔啊……我忍不住又傻兮兮地笑了。

我用了一周的时间写论文，又仔细地检查修补了两天。我很怕自己拿钱写的东西会出问题。交论文给阿光那天，我们约在学校的时间湖附近，阿光驱车而来，坐在驾驶位上，伸过手来。我赶紧把论文给他。

阿光低下头看，很认真。看完以后抬头对我露出一个笑容，特别好看。

他说："谢啦。把你账号给我啊。"

我面露呆滞。

他皱眉："你不会想要现金吧？"

我慌忙摆手："不是不是，我只是没想到这么容易就过了。"

他哈哈大笑，笑话我："好学生就是好学生，啧，真老实。你把电子版再发我邮箱一份，账号也一起给我吧。"

我红着脸点头。

我不知道为什么，在光芒四射的阿光面前，我只是觉得害羞，却从不觉得自卑。后来的很多日子里，我见过很多趾高气扬的人，他们因为美貌、能力、家世而受尽追捧，永远都是矜贵的样子，拒人于千里，对待你的态度，仿佛对待匍匐在他脚下的臣民。

我才明白，是阿光的态度，让我不自觉就放松开来。一个真正内心高贵的人，是不会看不起任何人的。

02

第二次见到阿光，是我从学校邮局回来的路上。

妈妈寄了一床被子和爸爸的一件厚外套过来。我拖着巨大的包裹往宿舍走，一个单薄的人影坐在路灯下面的马路牙子上。几乎是一眼，我就认出了那是阿光。阿光低着头，我看不清他的表情，却能看出的低落。

我在阿光身边坐下，不说话就陪着他。阿光也没有讲话，似乎我的陪伴是很正常的。我看到他穿得很单薄，寒风阵阵，他打了个冷战。我从包裹里把爸爸的衣服拽出来，递了过去。阿光像一个饥不择食的人，竟然也安然接受了。他把外套披在身上，轻轻叹了口气。我不知道我们一起坐了多久，只是后来我的脚趾被冻得又冷又麻，几乎失去知觉。

阿光掏出手机打了一个电话，不到十分钟，一辆漂亮的跑车停在路边，阿光看了看我，把脚上穿的雪地靴脱给了我，然后把妈妈寄给我的外套穿走了。他穿着袜子走在马路上的样子很帅，尤其身上还披着一件深蓝色的工装棉外套。

不知道是不是我的小动作泄露了我的冷，我试了试阿光的雪地靴，大了至少三个码，可是好温暖。

回到宿舍，我把雪地靴装在袋子里，等它的主人随时来取走它。很明显，它很温暖，比那件工装外套不知道贵了多少，可它不是我的。

第二天，我在校公选课上，惊讶地看到了坐在最后一排的阿光，他戴着帽子低着头。虽然那个位置是我时常坐的，可在众人的目光下，我头皮发麻，不敢再走过去。我只好坐在侧面前排的角落里，一下课就跑了出去。

自那以后，我见过阿光很多次。

学校食堂、自习室、图书馆、选修课堂、运动会……他的身影高大又沉默，总是用目光在人群里轻轻扫过，又沉浸在自己的世界中。我总是会偷偷逃跑，我怕被他看到。每个人也许都是这样，无欲无求则无惧无畏，可我，故事还没开始，我已经有了畏惧之心。

直到阿光打了我的电话："好学生，你逃课了吗？"

"我……我……"我立刻就听出了他的声音，可我不知道该如何与他交谈，我为自己蹩脚的表现难过，可毫无办法，"我没有。"

"今晚来上课，坐在最后一排。"

没等我回复，电话那边就传来嘟嘟的声音。

当天晚上，我坐在阿光身边，好奇的、打量的、鄙视的目光从四面八方投来，令我如坐针毡。

可我分明记得身后教室玻璃投射过来的温暖路灯，围巾外面的清冷空气，和阿光身上传来的隐约香气。后来，他告诉我，那是爱马仕的香水，叫作大地。后来的后来，我与阿光分开，渐渐地赚了钱，也有了一些经济能力，开始买一些香水，我的桌子上始终有一瓶大地男香，那是那么多年，我鼻息间最眷恋的味道。

而时光溯流而上，年轻英俊的阿光，站在教学楼门口对我伸出手："交个朋友吧，我叫阿光。"

他露出两颗虎牙，笑容生动又漂亮，我忍不住回握了他的手。

贫穷又自卑的人，天生会向往那些光芒万丈的人。

如同彼时的我。

03

中文系大部分女生都肩不能挑，手不能提。虽然白衣翩翩像仙女，可一到运动会这种时候，就会很痛苦。

反而像我这种，从小就在山路上跑惯了的，跑个几百米，参加个拔河比赛之类的，全不在话下。因为我体能好，又好说话。我们班很多项目都是填报的我，等我反应过来的时候，名字已经挂在了公告栏上。

我咬着嘴唇发呆，阿光在我身后出现，戳了戳我的后背："你以为自己是超人啊，干吗报那么多项目？累也累死你了。"

我摇了摇头，大半个学期的相处，让我终于在阿光面前自然起来，"不是我报的。"

他一笑，用很无奈的语气问："又被欺负了啊？那这些项目里，有没有你自己喜欢的啊？"

我看了看："跑步啊。我很喜欢跑步。"

阿光摇摇晃晃地走了，我并没有把这个插曲放在心上。可下午的时候，体育委员就跑来跟我道歉了："对不起啊，我没注意时间安排，好多项目都不能同时报啊，只给你保留了一个跑步可以吧？"

随着全班女生的怨声载道，又有很多名字被强行写了上去，连选择弃权都不行，用班长的话说："只要活着，就得上操场。"他表情太肃穆了，大家轰然而笑，笑过以后，我却想起来了阿光问我的问题，太凑巧了，他做了什么？

虽然我没有去找他追问，可还是觉得这种被守护的感觉，很甜蜜。

我询问过阿光：是否因为那个晚上，我陪他坐了那么一段时间，所以才想和我做朋友？阿光对那天晚上的事情讳莫如深，缄口不谈。找不到答案，我索性把阿光的友谊，当成天下掉下来的馅饼。

阿光是个很体贴的人，他看到我经济情况窘迫，给我介绍了很多兼职的机会。比如，在学校的咖啡厅做侍应生，老板小白是阿光的朋友，给我的时薪很高。我也尽心尽力做到最好，不给阿光丢脸。小白还经营着学校里的一家女装店，店里的很多样品和有轻微残次的衣服,他通通拿给了我。

虽然自卑,但我有一个好处,就是我会感激别人的善意。他只是想帮我,丝毫没有看不起我的意思,于是我都接受了,并用更努力的工作去回报他。

我没有以前那么土了,渐渐地也敢抬头看人了。

我开始有点像学校里面常见的那种普通女生了,我知道,这全部归功于阿光。

运动会的时候,阿光带着一群朋友来给我加油。

几个人大爷似的坐在最前面的观众席上,看到我跑过去,阿光就夸张的大喊:"加油,加油!赢了带你去吃必胜客!"

两千米,四圈,我路过阿光四次。

他许诺了我一顿必胜客,一只熊本熊,一次水上乐园之行,一件新衣服。

我冲过终点,拿到冠军,他笑得比我还开心,冲过来抱着我大喊:"你好棒啊,带你去吃好吃的,给你买新衣服。"

他对别人异样的眼光从来视若无睹,他不在乎。

可我在乎,于是我喊:"我浑身是汗呢。"推开了他的手,退了两步,"你说的啊,别反悔。"

阿光不以为意,笑眯眯地点头。他的一众狐朋狗友也都闹腾着"见者有面"。阿光通通应了。

这就是我喜欢的阿光,人群中永远是中心的那个,呼朋引伴,意气风发。很多人喜欢他,很多人爱护他。

04

我太崇拜阿光了,以至于他一身落魄地站在我面前的时候,我简直没能反应过来。

"能不能请我吃顿饭?"他挠挠头,先打破了平静,我心疼得要哭出来。我曾因为家里的钱给得晚了两天而饿过肚子,但自从我开始做兼职,已经有了一些积蓄,再也没有挨过饿,我从来没有觉得挨饿有什么了不起的。可是阿光没有吃饭,饿了肚子,我却心疼得不行。

我要带阿光去餐馆吃东西,阿光却执意要去食堂。那是他第一次在学校食堂吃东西,一口气吃了一整份孜然羊肉盖浇饭,六块钱加量的那种。他一边说好饱，一边喊好便宜，像是个开了眼界的孩子，一脸天真。吃完饭，他才告诉我，现在他住在朋友在学校旁边租的房子里，身无分文。"喂，需要你报恩的时候到了，养我吧。"

我毫不犹豫地点了头。

阿光有钱的朋友很多，他却全部绕过去了，只求跟我吃一顿盖饭而已，我有什么理由去拒绝？老板小白最近刚从国外回来，每天蹲在店里发呆，他看着我忙忙碌碌的样子，就说："你知道吗，你这个样子，特别像阿光养的宠物，他投喂你，鼓励你，宠你的时候就给你开个罐头。等他家道中落了，你这个忠犬就从外面叼东西回家喂他？"

我忍不住一个手刀过去，小白怕怕地不说话了，可我想了想，觉得他说的没错。我始终无法认定自己与阿光是同一个 level 的人，我们的阶级、观念，甚至性格都相差太远。想到这里，我把自己的饭卡给了阿光，让他自己去喂饱自己。阿光什么也没说，拿着饭卡走掉了。

我承认自己的患得患失，可却无法控制自己。

直到几天后，阿光的一个朋友来找我，让我去看看他。

阿光住在朋友的房子里，小小的出租房一片狼藉，他躺在沙发上，面黄肌瘦，一脸哀怨。我忍不住抱怨："你怎么这样了啊，没吃饭吗？"

他哼了我一声："我是那种吃软饭的人吗？"

我忍不住扶额叹气，"你……"

我这才知道，我丢张饭卡就不理他的行为让他很不爽，可他偏偏什么也不说，就生生饿着，在等我发现以后跑来忏悔。

我在他的小屋子里，给他做了一顿饭。白米粥，清蒸鱼，凉拌青菜，他吃得很开心，最后眉目温柔地说了一声"谢谢"。

我开始习惯去他的住处照顾他。

阿光是实打实的大少爷，房间不会整理，饭不会做，衣服也不会洗。我是他的免费佣人，还要自掏腰包。可时间长了，任谁都能看出来我们之间有什么东西正在慢慢地发酵、变化。

这天，我正给他洗衣服，这少爷可好，要上洗手间嗖的一下从我身边蹿过去，把一盆水都踩翻了，我被泼了一身水。他傻了眼，我透心凉。

等我从洗手间洗了澡出来,穿着他的T恤擦着头发的时候。他正可怜兮兮地跪在地上擦地板。原本很寻常的场景,却偏偏正好遇到他的房东朋友过来看他。

大门被打开,我们两个四目相对的情景被看个正着。

我尖叫一声跑进卧室。

脸像着了火,我躲在房间里不敢出去。外面两个男生说话的声音零零落落、模模糊糊,什么都听不清,没过多久,外面就传来关门的声音。随后,阿光敲了敲房门,就走了进来。我正坐在阿光的床上,腿上盖着他的被子。

他看着我满脸通红的样子,突然笑了:"我朋友让我别认怂,该负责的时候就负责。"

我心跳开始加速,一时间大脑停工,根本无法思考。他却自顾自地坐在我面前,继续说:"你既然都养我了,就继续养下去吧。"

看我一脸呆愣愣的样子,凑近了看了看我:"你怎么啦?"

我一把将他推开,冲了出去。用最快的速度在洗手间找到自己的短裤,套上就跑。

是的,面对我最喜欢的男孩含蓄的表白,我落荒而逃了。

我没有想象中的欣喜若狂,也没有那么多的甜蜜满足。我有的只有恐惧。

那么好的阿光,如果我永远没办法拥有,至少能够因为一点点余晖而开心。但如果拥有再失去,我怕自己承受不住。

喜欢让人变得怯懦,连点头都变成了重若千斤的动作。

05

阿光在我宿舍楼下,连续等了我三天,终于等到了我。

且不说每天都有人议论纷纷,就这个温度,我就已经舍不得让他继续晒下去了。

看到我,阿光只说了一句话:"对不起,忘了告诉你,我喜欢上你了。"

那一瞬间,我看不到明晃晃的天光,看不到茂盛葳蕤的树木,看不到阴凉多情的屋檐,看不到那么多目光和叵测的未来,我只看得到阿光。

我笑了:"好巧。"

我和阿光的恋爱，刚刚开始就已经成了学校里大家热议的话题。

我成了现实版的灰姑娘，阿光自然就是那个高高在上的王子。可自从他跌落云端，连吃饭都要靠我买以后，我们的差距并没有那么严重的凸显出来。

每天晚上下了自习，我们迫不及待地回到他的住处洗澡，然后手牵着手出门散步觅食，穿着情侣装，一样的T恤和短裤，两套也不过四十块钱，吃的是学校周边便宜的小店，一碗面两双筷子，一起吃。

过苦日子对我来讲驾轻就熟，只是本能。可在阿光眼中，这成了一种神奇的技能。比如，牙膏用到最后，可以从尾巴的地方卷起来，还可以多用三五次；沐浴液或者洗发水用完，还可以加水多用一次；芹菜叶不用丢掉，过热水可以凉拌；过夜的冷饭，用鸡蛋炒一炒和新做的一样好吃。

阿光说，我是这个世界上最厉害的姑娘，可我自己知道，我没那么神奇，我只是这个世界上最寻常的穷人。或许，只是比普通人更穷一点。

我们像一对最普通的恋人，过着甜蜜又单纯的日子。可随着时间的推移，夏天一点一点过去，蝉鸣声嘶力竭，我心里的不安像漏风的窟窿，被吹曳得越来越大。直到那天下了课，我走出教学楼，看见阿光上了那辆已经很久没有出现的黑色豪车。

那一瞬间，我真的不知道阿光还会不会回来。

一整晚的时间，手机安静如井水，一个消息也没有，我反复打开，反复去看。我的慌乱不安被室友看在眼里。我们根本没什么交情，可她还是语带怜悯地劝了我一句："阿光跟我们是两个世界的人，你要有心理准备。"

我想对她说谢谢，却发现不知道什么时候，我的声音已经哽咽了。

是啊，我和阿光是两个世界的人——

哪怕是坐在路边吃麻辣烫，阿光的吃相也斯文又好看。

哪怕是穿着十五块钱一件的T恤衫，阿光的样子也贵气又骄傲。

哪怕是每天都在说很开心，可阿光一个人坐在沙发上低着头的样子，是那么落寞。

他像是误入贫民窟的王子，当国王需要他的时候，他总会回去继承王位的。这是命运，与我背道而驰的命运。

阿光没有再回来，他只是给我发了一条信息问我："你愿不愿意来找我？"

我删掉了那条信息，从此，再也没有见过那个我心爱的王子。

06

有生之年狭路相逢，终不能幸免。

就在我矫情得要命，把阿光的故事想了一遍又一遍之后，我竟然又一次见到了阿光。

阿光站在我面前的时候，穿着整套Ferre的西装，虽然是经典款，可穿在阿光身上丝毫不显老气，反而有种男神初长成的样子。他的舒朗大气和稳重清隽，只一眼就把我定在了原地。

"怎么，看傻了？"同事调侃地拍了拍我，"这个客户老大谈了很久才拿下的。要我说，老大估计看上的不是这件case。"

原来阿光就是主管啃了三个月才拿下的那根肉骨头。

阿光的目光在办公室里扫了一下，竟然很快定在了我身上。但他只是深深地看了我一眼，便移开了视线。

我心里松了一口气的同时，又隐隐有些失望。

我想了那么多年的阿光，竟然就这样把我当成了陌生人。

晚上下了班，我心里乱糟糟的，特意在公司拖沓，直到没什么人了才慢慢下了楼。走出大厦，一辆白色的敞篷跑车就停在门前，阿光已经脱了外套，只穿着里面的深蓝色衬衫，钻石绣口如同一颗星子，熠熠发光。

他连看都没看我，就说："上车。"

而我，连抱怨都没有，就打开了车门。那么多年的牵挂，他在我眼前，我怎能不贪婪这每一分每一秒？

车开了一会儿，到了稍微安静一点的海边广场。因为附近在修地铁，原本还算热闹的广场现在连个人都没有，路灯也忽明忽暗的，只有工地里传来各种机械的声音。海面上吹来的风和夜晚清凉的空气，让人心旷神怡。

"其实我想过，如果再见到你，应该问你什么。"阿光抽出一支烟，点上，"可我想不到。"

我只是静静地看着他的侧脸，每一眼都当作最后一眼。这邂逅来得措手不及又美不胜收，我只能更多地去记住阿光长大后的样子。他比从前还要光芒万丈。

"我回去找过你很多次，我给你打过很多电话，我托人给你过很多口信。"他看着我，语气平和，"可你一直在躲我。那段时间，我家里生意出了问题，所有朋友都躲着我，可我没想到，你也会躲着我。"

我讶异地看过去，他找我我知道，可是他家里出了事情，我却一无所知。

"你想说你不知道？"他笑，"算了，我只想知道。为什么不回复我的消息，你不是那种人，我知道。"

我以为经过这么多年的修炼，我早就不是那个贫穷的、自卑的、永远低着头的一无所有的小姑娘，可我还是会因为阿光的一句话，一个侧脸而热泪盈眶。他说他知道，他其实一直都信任我，只是一直不能理解我的逃避。

于是事隔经年，我终于问出了那句话："你从没告诉过我，你为什么喜欢我。"是的，我从来不知道为什么阿光会在茫茫人海中看中那个最不好的我。这种疑惑从一开始就埋下了种子，让我始终惶恐不安。

阿光当时的表情，像吞了一颗恐龙蛋。

以至于后来我每每想起,都还觉得非常好笑。

我和阿光和好了。

根本不需要猜测的结局,只要是阿光,招招手我就会过去。无论是20岁的我,还是30岁的我。在他面前,我永远是那个羞涩蹩脚的小姑娘,却把一生的勇敢和坚持都用来爱他。

阿光后来也检讨了自己的问题,他说喜欢我坚强也好,喜欢我温柔也好,喜欢我天真也好,其实通通不重要了,喜欢一个人,他身上所有的平淡无奇都会发光。这也是我后来才想明白的。

阿光后来,只问过我一句话:"你有没有想过,如果我们再相逢,你会跟我说什么?"

"我想过,可是不敢问。"

"什么?"

"我很穷,可以嫁给你吗?"

他说:"可以。"

我们的故事狗血又老土,我是个终于嫁入了豪门的灰姑娘,阿光呢,则是拿着水晶鞋很多年,终于等到了我的那个倒霉的王子。

可那又怎么样呢？爱过的人却没能相守，在牵挂了很多年之后却再重逢。我一分钟也不想浪费，我要和我爱的人，永远在一起。

这是很多很多人，都想要却没有的幸运。

面子什么的，算什么啊。

一个人去看电影

是啊,我也爱过一个混球儿,并为他做过很多很多傻事。

可是后来我遇到了一个很棒的男人,我发现他比那个混球儿帅多了。

01

我 18 岁之前最好的朋友是徐元达,我 18 岁之后最爱的男人还是徐元达。

我眼看着一个挂着鼻涕跑来跑去的邋遢男孩，长成如今英俊挺拔的好男人。心里深埋的爱拔节生长，簌簌有声。

18岁那年生日，徐元达喊了一群人在我家屋顶上为我庆祝。我们点燃线香花火，一群人大笑大闹。天空变得很低，星星触手可及。他侧脸温柔，鬼使神差之下，我想吻他。而他却突然凑过来对我说："我好像喜欢上了毕然。"

我不动声色地扭过头去。

"我在跟你分享我的秘密啊。"徐元达不满地推了我一下。

可我能说什么呢？

一群人笑笑闹闹，只有毕然的脸始终冷漠骄傲。她从来不是合群的姑娘，亦称不上讨人喜欢。除了徐元达有什么事情会喊她一起，她几乎是独来独往的。

可是……我忍不住问他："你不总是说毕然很丑……"

徐元达露出别扭的神情："我不知道原来那种看见她就心慌的感觉……"

那天徐元达的声音落在空旷的夏日的傍晚的原野里，伴随着他慌张的心跳和气息和我酸涩的隐忍的心情，轻轻消散在空气里。

可我听见了，徐元达说——"是喜欢啊……"

我和徐元达几乎是穿着一条裤子长大的,彼此一点秘密都没有。

徐元达吐露了自己对毕然的心意之后,开始在我面前毫无顾忌地表达对毕然的痴迷。

"毕然今天穿了一件黄色的衬衫,显得脸好黑啊。"

"毕然剪头发了,看起来像个小男孩。"

"毕然穿裙子的样子真蹩脚。"

他的语言那么恶毒,眼神却那么温柔。

我一把将他推开:"你能不能别在我面前发春,你那个讨厌的眼神真的让人恶心死了好吗?"

徐元达站在原地嘿嘿傻笑,智障一个,"你说我要不要告白啊?"

"不要,马上高考了,如果因为你的告白耽误了高考,毕然会恨你一辈子的。"我心慌地打断他的蠢蠢欲动的想法。

"你说得也对,那我先保证以后跟毕然一个学校好了。"

徐元达把毕然的志愿表拿过去照抄了一遍,带着一个少年虔诚的心意,热忱的,天真的。我不信毕然没看懂,可她什么都没说。

而我,在志愿截止的那个下午,偷偷跑到了老师办公室,把徐元达的第一志愿和第二志愿对调了。

那个夏天遥远闷热,蝉鸣不止。我分明记得,弯腰站在办公桌前面修改志愿的时候,有风从窗间吹过来,我出了一身汗,有那么一个瞬间我想放手,可闷热席卷而来的时候,我已经弄好了一切,并把志愿表放了回去。

没有人知道我在那个无人的夏日午后因为嫉妒做下的勾当。

我和徐元达一起拿到了T理工的录取通知书,徐元达一直傻兮兮地看着录取通知书念叨着不太对。被我怒道:"重色轻友的死混球儿,这么不愿意跟我一个学校啊?"

徐元达看我脸色不好,只得不再追究,只说自己大约是老年痴呆了,连志愿表都能填错。

我以为自己算无遗策,却在开学的时候傻了眼。

T理工和毕然所在的T大今年都为新生打开了新校区的大门。新校区在T城统一规划的大学城,彼此只隔一条马路。

我们在去报道的路上,就在下车的站牌处见到了刚刚离开的毕然。

剪不断，理还乱，只有徐元达乐得露出一口白牙，在阳光下亮得刺眼。我烦躁地拎着行李大步走开。

喜欢一个人的心情是不听劝的。《最好的我们》里面，余淮早就说过了，他说，你以为我在遭受冷遇的时候，没有劝过自己吗？

我每天听着徐元达念叨着毕然如何如何，心如刀绞。最要命的是，我不敢袒露心意，只能佯装不耐烦听。最后徐元达郁郁寡欢地说："我拿你当最重要的朋友，才会跟你说这些啊。"

我企图蒙混过关："你个大男人每天叽叽喳喳的有什么意思，喜欢就去告白啊。"

后来无数次，我都想杀了当时嘴快过脑子的自己。

徐元达去告白了，带着他最爱吃的某熊干脆面。当天晚上他们俩就一人一包干脆面去学校的鸭子湖边喂蚊子了。

谁会不喜欢徐元达？他告白成功我一点也不惊讶，我只是难过。

有长长的一段时间，徐元达想不起来约我，每天睁眼就往T大跑，自行车骑得飞快，远看像风火轮。

他风风火火去燃烧他的爱情了。

直到有一天晚上,我上完选修课从教学楼里走出来,忍不住抄了近路。近路就是教学楼和宿舍楼之间的一片绿化带,有人工假山、小树林和亭子。

一对情侣依偎在路边的长椅上互诉衷肠,卿卿我我。我走过去的时候却不小心和男主角四目相对。

他抽了一口气站了起来,一脸尴尬。

像是早恋被父母捉住,有点羞又有点怕的意味。我看向徐元达身边的女孩。毕然肤色黑,长得也不美,只是瘦。她神色尴尬,大约也脸红,但灯光太暗看不清。

"嗨……好,好久不见。"徐元达先一步打破平静。

我心里一疼。从我们落地开始,没有一天分开过。小时候不是他在我家睡,就是我在他家睡。什么青梅竹马都不算数,我俩是真真正正一起长大的。哪怕是上了学没在一个班,每天也是一起上学,一起回家。自从他与毕然恋爱,我们大约有一个多月没有见面了,当真是人生中第一次分开这么久。

我扯了扯嘴角:"是啊。你个重色轻友的死混球儿。"

我故作的轻松和咬牙切齿的感觉,让他们轻轻笑了,气氛也好了很多。

"走啦，我们正准备去吃烧烤。一起吧？"徐元达盼望地看着我。

原本，人家谈恋爱，我不应该掺和，可我实在想念徐元达。忍不住跟着去了。毕然没有说话，只安静地牵着徐元达的手，跟在一边。

我和徐元达说话，很多时候毕然插不进去嘴，就听着，听到好笑处就会心一笑。

这就是毕然，永远恰到好处。

可我讨厌她。哪怕没有徐元达，我这样刻薄又易怒的性子，也会同她成为天敌。

只能说，有些人不能成为朋友，是命中注定的。

02

再后来，我也谈了恋爱。

元旦晚会的时候,我躲在角落里喝饮料。孙同学走过来搭讪我,他搭讪的方法很土,问我们是不是见过,可我没有嘲笑他,因为有那么一瞬间,他眨眼睛的神情,很像徐元达。有点顽皮,又有点腼腆的意味。

于是,因为他"有点徐元达",我成了他的女朋友。

孙同学是很标准的艺术生,习惯用发蜡、男士香水,并且习惯在卫衣外面套一件羽绒背心,这是当时我们学校里面艺术生的常见搭配。孙同学谈恋爱的经验,明显比搭讪的经验要老练得多。他能把一切无趣的约会安排得有趣,因为这点有趣,我竟然也有了几分恋爱的感觉,而前提是,不要见到徐元达。

有一天我下了校选修课,孙同学来接我,我们两个在回宿舍的路上遇到了徐元达。他背着毕然,两个人在长长的马路上慢慢地走着。

看到我们,徐元达一开始有点害羞,打了招呼又解释:"毕然刚刚把脚扭了。你们这是要回宿舍吗?"

我点头,随便关心了两句,就拉着孙同学走了。

走了很远,我忍不住扭头看了一眼,徐元达老老实实地背着毕然,还在往前走。

孙同学靠过来笑:"你同学啊?还挺甜蜜的。"

他身上有很浓郁的香水味,从前我还不觉得,此时此刻却觉得过于浓郁,我忍不住往后躲了躲:"香水味好重。"

孙同学有点尴尬,站直了身体。

香气浓郁、光鲜亮丽的孙同学也许也算是个不错的男朋友,可是一开始有点像徐元达的地方,被后面我了解到的与徐元达截然相反的地方——打败。

或许我能找到一千个分手的理由,可真相只有我自己知道——他不是徐元达。我对孙同学的态度越来越敷衍,以至于我们时常发生争执,意外之喜是,我有理由因为自己恋爱不顺而霸占徐元达一整个下午。他是我的男闺密,当然要在这种时候陪着我。

我们买了午夜场的电影票,一场一场地看电影。徐元达通常都会在半路睡着,而我,一整个夜晚看他的侧脸,温驯如鹿般的神情。

直到晨光熹微,我双眼通红,喊醒他去吃早饭。偶尔,他也会抱住我的肩膀说:"傻丫头,要是谈恋爱这么不开心,就别谈了。有啥事儿还有哥呢。"他是真的心疼我,如同对一个邻家小妹。

我只能告诉他:"如果喜欢一个人也可以收放自如,就好了。"

他以为我是在说孙同学,这真是一个完美的误会。

以至于孙同学一脸愧疚地出现在我面前承认错误,而徐元达得意扬扬地表功的时候,我都有种啼笑皆非的感觉。

所有故事发生的背后,毕然永远安静地做个局外人。

我和孙同学就这样不温不火的恋爱着。我因为徐元达的情绪失控,全部变成了为孙同学伤心欲绝。孙同学也因此对我格外多了几分温存。我心里装着徐元达,手里却牵着孙同学,这样的矛盾,连我自己也不知道能坚持多久。可就在这个时候,孙同学和同学一起去登山,失足落下山去,意外身亡。

我对他的不爱,成了永远的秘密。

孙同学的爸妈年纪都很大了,他们回学校来帮孙同学收拾东西,我于情于理都要帮他们一起。因为对孙同学的那点愧疚,我更加尽心尽力地照顾两位老人,孙同学的妈妈临走之前拉着我的手,流着眼泪说:"你是个好姑娘,可惜我儿子没福气。"

我也流着眼泪,到底,那是对我好了一整年的男孩子,虽然总是打扮得花里胡哨的,可对我的好,却是真心实意的。

但我受不了的,是徐元达对我的态度,小心翼翼得像是在对待一个刚刚失去丈夫的寡妇。

有那么一天,我们三个人一起吃饭,徐元达一直在说各种趣闻哄我开心,我偶尔笑笑,眼睛不由自主地看着沉默的毕然。因为孙同学,徐元达用了很多时间陪伴我,毕然的不开心不痛快,我全部看在眼里。

徐元达讨好地对她笑,似乎十分抱歉。我心里的火气一下子就冒了出来:"毕然,如果你不想陪我可以不用陪我,犯不着坐在这里却一脸为难。"

毕然像是被吓了一跳,徐元达马上握住了她的手,看着我解释:"你别误会……"

毕然却站了起来,温柔和气地对我说了句抱歉,然后拎着包走了。徐元达看看我,又看看女友离开的背影,还是咬了咬牙追了上去:"对不住了啊,回头请你吃饭。我去看看毕然,她这两天有点不舒服。"

那天晚上,落魄的我坐在一家破旧的餐馆里,吃完了一整份大盘鸡,喝光了桌子上所有的酒,我一边哭一边骂徐元达是个混蛋，重色轻友没义气，骂孙同学是个怂货，不敢听我说分手，就这么毅然决然地走了。

那天晚上，我喝到吐，然后继续喝。直到断了片儿。

后来，是老板打了我室友的电话，才找到人把我拎回去的。可我因为孙同学的亡故受了打击，借酒消愁的消息，传遍了校园。偶尔，连老师都会面带同情地拍拍我的肩膀。我甚至因此有种错觉，就是我真的曾经很爱很爱孙同学。

可这错觉，通常都持续不了很久。

大约真的是受了刺激，我开始无法自控地去介入徐元达和毕然的生活。我放任自己一步一步变成面目可憎的模样。

那段时间，徐元达要看着我，不能让我做出什么傻事，还要哄着毕然，让她别介意。只有我自己知道，在我装疯卖傻的背后，用心有多险恶。我明知道徐元达有另一个人要负责，偏偏要看着他疲惫的样子无动于衷，拖着他不让他离开。

有一次，徐元达出去给我买饭吃，毕然被留下来看着我。我靠在窗边，佯装出一副生无可恋的样子。她突然出声："你累不累？"

我控制着自己，没有回头看她。

"你这样演戏，累不累？"毕然走到我面前，一字一顿地问我。这个世界上，只有一个女人能够识别出另一个女人蹩脚的演技。

我没有说话。毕然笑了："我把徐元达还给你，下个月，我会跟家人一起移民澳大利亚。"

我终于忍不住扭头看了她。毕然，永远云淡风轻的毕然，此时此刻，脸上露出和徐元达一样的疲惫和无奈，她双眼通红，忍不住落泪："这样，你开心了吧？"

徐元达回来的时候，我们两个人相安无事地各自坐着，他悄悄松了一口气。

我却忍不住一直想到毕然对我说的最后一句话："我走了，请你放过徐元达吧。他已经要被你折磨死了。"

我一边吃饭，一边抬头看徐元达站在一边，正温柔地对毕然说话。一直以来藏在心头的得意，突然云烟般消散，变得索然无味起来。

03

毕然要走的消息,徐元达在她走之前一周才知道。他开始失魂落魄,双眼无神。我们坐在一起看夜空发呆,他一脸落寞地低语:"毕然要走了。"

我不知道毕然的走和我有没有关系,但我心虚的感觉应该是有的。于是我什么话都不敢说,可徐元达的伤心难过这么真实地在我面前上演,我没办法无动于衷。最后,我终于说服自己,对他说:"如果舍不得,就别让她走。"

他抬头看了我一会儿,才突然惨笑出声:"我不敢。我怕我留她下来,却给不了她好的未来。"

太过年轻的我们,敢大声说爱,却不敢承诺未来。

徐元达像被抽走了魂,我实在看不下去。最后,我打听清楚了毕然的班机,给徐元达也买了机票。当我把机票递给他的时候,是真的强迫自己放下了的,"去追她回来。别轻易认怂。"

徐元达接过机票就跳起来跑了出去。

我一个人窝在家里呜呜咽咽地哭了一整天。终于决定放下这段让我差点迷失了自我的感情。一段感情中，先放手的不一定是不够爱的那个。我是真的希望徐元达能够快乐，如果能让他快乐的只有毕然一个人，我希望他们能在一起。

徐元达终究没把毕然追回来。可也总算没有分手，他每天抱着手机给毕然发信息发照片，笑得像个傻子。他们的恋情竟然因为距离，迎来了第二次大爆发。他说："我从来没这么想念过毕然，原来我比想象中还要爱她。"

徐元达终于确定了新的目标，就是毕业以后，去澳大利亚找毕然。

时光推进到六月，我们在最炙热的夏天里，终于放开了对方的手，投入到自己的生活中去。那个夏天，在后来每次回放的记忆里显得格外漫长。所有关于徐元达的消息，都只通过我妈妈给我的电话一点一点传达过来。为了去澳大利亚，他和家里闹翻了，徐妈妈高血压进了医院，他只能暂时放弃，每天去医院照顾妈妈……林林总总的消息，我不知道该开心徐元达终于长大了，敢承诺了，还是该难过让他成为一个有担当的男人的姑娘，不是我。

而我，如同一枚硬币，在不由自主的轨道上，越跑越远了。

想念徐元达的日子里，我一个人看了很多很多场电影，每次买两张票，空着身边的位置。时间长了，也就习惯了。

再次见到徐元达和毕然是过年的时候。

我牵着在B市交往的男朋友，徐元达和毕然握着彼此的手，站在窗子下面，执拗地看着他家紧闭的窗子。

他们看着我，尴尬地露出一个笑容，带着语焉不详的意味。我牵着男友的手上了楼。

男友一向妥帖有分寸，对我这对朋友奇怪的行为，没有提出任何问题。我妈妈很喜欢他，一顿饭吃得宾主尽欢。直到晚上12点，我到阳台上去看烟花，低头的时候才看到徐元达和毕然，竟然还在。

他也看到了我，一双黑漆漆的眼睛里，是一点幽幽的求救的光。

男友走了过来，也看到了楼下的徐元达。我问他："你这辈子有没有做过一件很傻很傻的事情？"

男友笑："你想做一件很傻很傻的事情了吗？"

我叹气。没有和妈妈说，我径直下了楼，去了徐元达家。我跪在徐爸爸徐妈妈面前，认他们做了干爸干妈，承诺百年之后，为他们养老送终，请他们给徐元达一点时间，让他别留遗憾的生活。徐妈妈抱着我哭了很久，她一直很喜欢我，却没想到我会以这种方式走进她的家门。

徐元达和毕然进了门。他的眼睛紧紧盯着我，我对他点了点头。毕然也面色复杂地看着我。在他们身后，是一脸了然的男友。

我曾跟他讲过，我曾经爱过一个男孩子，魔怔似的，为他做过很多很多傻事。我当着他的面，以朋友之名，做了这样一件傻事，他又怎么会看不懂？

徐元达拎着行李和毕然走的时候，抱着我说了谢谢。我什么都没说，只是拍了拍他的肩膀。爱一个人，是我用了十几年才学会的。我放弃了 B 市的高薪工作，回到了我的家乡，找了一份极其稳定、能够有时间照料四位老人的工作。

我妈成天看着我叹气，可我做的决定，从来没有改过。她只是可惜我遇到过一个合适的人，却放弃了。

徐爸爸徐妈妈几次告诉我，不用为了徐元达捅的娄子做出那么大的牺牲，他们拿我当女儿，自然希望我能够得到自己的幸福。

可我守在他们身边，徐元达才能在地球的另一端放心地陪伴毕然。

其实我也曾以为，这就是故事的结尾。直到有一天下班回家，我看到了坐在沙发上的前男友。他风尘仆仆，脚边放着巨大的行李箱。

那一刻，我才突然感觉到姗姗来迟的难过，我笑着问他："度假还是常住？"

他走过来拥抱我："听你的。"

"你为什么来？"

"我想陪你做一件傻事。"

爱一个人，才会为他做傻事，我忍不住一边哭，一边抱住了他的腰。他一边帮我擦眼泪，一边从口袋里掏出两张电影票，对我说："别再一个人看电影了。"

此时此刻，对比徐元达那个怂货，我觉得我的现任男友，简直酷毙了。

一生为期

01

果子姐和姚远是同一栋楼的邻居，上下楼住着。果子姐家里时不时传来的惊天动地的争吵声，全都能被姚远听到。每到这个时候，果子姐就躲在阳台上看着外面的天气发呆，隔壁阳台的姚远就咚咚敲响玻璃。有时候他会递过来一只苹果，有时候是一只橘子，最夸张的一次是姚远递过来一只烧鸡。老楼房隔音特别差，当天晚上果子姐就听见隔壁姚远妈妈骂他的声音："你是猪投胎啊？半天没看见一只鸡都被你吃了？那骨头呢？"

姚远就梗着脖子喊："喂狗了喂狗了。"

"鸡骨能熬汤的好不好？这臭小子。"姚远妈妈重重拍他两下也就作罢，那个年代计划生育还很严格，一家就一个宝贝，尤其姚远是姚家四代单传的男孩子，他妈也不敢下狠手。

第二天姚远就挑眉看着果子姐，一副"我很帅"的表情："烧鸡好吃吗？"

果子姐也跩跩地说："一般般吧。"

姚远就拍拍果子姐直到自己胸口的头："多吃点吧你，太矮了。"其实他想说的，是"多吃点吧，你太瘦了"，可十几岁的少年表达心意总是会用很别扭的方式。

就像姚远，他那么心疼眼前的姑娘，却总用很嫌弃的语气跟她说话，以掩饰内心那个羞怯的念头——如果被她知道我那么在意她，一定会被她笑的吧。

有一次果子姐的爸妈又因为一点小事吵了起来，果子姐被牵连，被她爸爸打了一个耳光。她哭着跑出家门，没有地方去，就跑去了姑姑家。

可原本在她印象里非常乐观开朗的小姑姑正一个人坐在家里哭。小姑姑刚刚做完第六次流产手术，因为拍了片子，怀的又是个姑娘。姑父只想要男孩子，于是强迫姑姑去做了手术。

小姑姑不是第一次因为这件事情难过了，果子姐原本是来搬救兵的。然而她什么都没说，只是贴心地给姑姑冲了一杯红糖水，她家里冷水冷灶，根本没人照顾她。

那天果子姐很晚才回家，在楼下遇到了发现她不在一直在等她的姚远。她特别认真地看着他说："原来结婚那么可怕，我这辈子都不想结婚了。"

姚远本来想告诉她，不是这样的，他爸妈就很幸福，虽然妈妈总是唠唠叨叨，爸爸总是沉默寡言，但是他们对彼此的照顾，他都看在眼里。可是眼前的姑娘看起来那么虚弱，姚远只能认真地点点头："不想结就不结呗。我以后也不想结婚，咱俩搭伴过吧。"

果子姐就忍不住翻了一个大白眼。

02

果子姐上高中的时候,遇到了她人生中第一个喜欢的男孩子。

她原本视感情为毒药,可喜欢了就是喜欢了,哪里是自己能控制的呢?果子姐喜欢的男孩是高中部的阿光。阿光的父母很早就离婚了,在他的记忆里从来没有爸爸的角色,妈妈在理发店工作,洗头、剪发、修眉毛,什么都要做。有时候被男人占了便宜也不敢吱声。阿光很小就开始学着保护妈妈,等到了高中,他身后已经跟着一群小弟,谁也不敢轻易惹他,在他带人打过几次占他妈妈便宜的男人以后,就也没人敢轻易惹他妈妈了。

果子姐很喜欢这种保护别人的角色,在她的印象里,这个世界狂风暴雨摇曳不息,她需要的就是这样一个能够保护她的强硬角色。

更何况果子姐一厢情愿地认为,他们都受过家庭的苦。

阿光从前光顾着"打江山"了,从来没想过找个女朋友,还是果子姐自己站在他面前,他才想到可以找个女朋友,这姑娘盘靓条顺，还挺顺眼的。阿光没怎么矫情就点了头。

如果不是同桌说起来这八卦，姚远还不知道自己的邻家小妹已经搭上了坏小子的船。他不记得下一节是什么课了，就是憋不住胸口的一团火，噌地跳了起来跑到果子姐的教室里，把她拽了出来。

他人生中第一次拉她的手，身后像是长了翅膀，耳边是呼呼的风声，还有他扑通扑通的心跳声。

他把果子姐拉到安静无人的操场上，果子姐用力甩开他的手："你干吗啊？"

姚远的心里有无数句话，可他一句都说不出来。然后他重重按住果子姐的头，狠狠亲了上去，那个吻，因为太过用力，他磕破了她的嘴唇，只留下了血的味道。果子姐一把将他推倒，她捂着嘴，涨红着脸，扭头就跑了。

姚远心头泛上浓浓的酸涩。

果子姐开始同他冷战，直到半个月后的某天，姚远放学以后遇到了阿光，他站在学校外面不远处的大树下，抽着一根烟，跟旁边的朋友笑着说："果子？玩几天罢了。"

姚远只觉得有人点着了他心里的火,不管不顾地冲了上去。

十一月的傍晚,天已经黑漆漆的如同深夜。

安安静静的马路上,只有几盏温暖明亮的路灯。姚远被围在中间打,他身上已经落了很多伤,但只要觑到机会,他就要挥上一拳头。

直到保安听到动静跑了出来,坏小子们一哄而散,浑身酸痛的姚远躺在冷硬的地面上笑了,牵动了唇角的伤口,他"嘶"的一声倒吸一口气,然后哈哈大笑起来。

几天来的憋气都散尽了,他想明白了一件特别重要的事情——他喜欢果子姐,不是怜悯,不是心疼,是喜欢。

晚上,姚远刚刚挨完骂,正在屋里写作业,就听见外面传来熟悉的声音。

"果子来啦?"

"嗯,姨,我听说姚远受伤了,来看看他。"

"哎,可不是,这浑小子。"

姚远"哗啦"一声拉开门,"果子,"他哼哼唧唧地,"你来啦?"

果子姐嗯了一声,姚远妈妈热情地去倒果汁了,果子姐跟着姚远进了他的房间,坐在唯一一张椅子上,姚远局促不安地踱了两步,然后坐在了床边。

"你今天打阿光,是不是为了我?"果子也不傻,她跟姚远认识这么多年,姚远是个怎样的人,她一清二楚。他一腔天真热情,却绝不是冲动野蛮的人。

姚远期期艾艾,他才察觉到自己的心意,面对果子姐还很难坦然。

还是果子姐又问:"你喜欢我?"

姚远乍然红了脸,他没说话,可他的反应已经说明了一切。还没等他抬头,一片阴影落在他的眼前,少女温热的吻落在他的额头,她说:"那你以后要保护好我哦。"

果子姐走了半晌,姚远才欢呼起来。

那一年,她们 16 岁。

03

姚远和果子姐感情很好,从来不红脸,有什么事情都有商有量,在一起时间久了,默契非凡,很多时候一个眼神一个小动作,他们就知道对方在想什么了。

他们在一起后第一次发生矛盾,是在他们在一起的第十个年头。

十周年纪念日,姚远偷偷为果子姐准备了一个特别盛大的庆祝仪式,他订了会场,请了很多中学同学,他们共同的朋友,组织了一场舞会。

果子姐穿着姚远送给她的黑色小礼服裙,被他牵着手揽着腰,在舞池中间翩翩起舞。光影流动间,她笑:"怎么搞得这么盛大?"

姚远早已经不是曾经那个青涩懵懂的少年,他眉目英俊,笑得深情款款:"喜欢吗?"

果子姐靠在他肩膀上笑骂他:"傻子。"

姚远就拉住果子姐的手不动了,他看着他最爱的姑娘,单膝跪地,从口袋里掏出一只钻戒,望着她:"你愿意嫁给我吗?"

果子姐瞬间苍白了脸。

所有亲朋好友都带着鼓励的笑容看着她,他们拍着手喊:"嫁给他!嫁给他!嫁给他!"

果子姐看着姚远,轻轻地说:"对不起。"然后扭头就跑。

相爱相守十年,从校服到婚纱,是多少人都想要的美好缘分,谁也没想到是这样的结局。

直到此时此刻,姚远突然想到小时候果子姐的一句戏言,她说:"我这辈子都不想结婚了。"原来不是玩笑话。

姚远其实把什么都准备好了,婚礼公司是有名的露天婚礼策划团队,房子在果子姐上班不远的地方,是新开盘的小区,装修公司很擅长果子姐喜欢的美式风格。他考虑到了一切,唯独没想到果子姐根本不想做他的新娘。

姚远是第二天才回到他们的公寓的,彼时,家里属于果子姐的痕迹已经被清理得干干净净。他们常常用来写甜言蜜语的小黑板上写着诀别的话:"对不起,我爱你。"

姚远没有去找她,他不知道该怎么走下去了。

果子姐离开姚远的第一个月,她生了一场病,体重掉了十斤。她一个人在医院挂水的时候不小心睡着了,药液空了,血管回流,还是旁边病床的人看到了,帮她叫了护士。当天晚上,果子姐自己定了闹铃起来吃药,站在冰冷的地面上,她才发现自己忘了烧热水,她蹲在地上,昏天黑地地哭了一场,姚远把她照顾得太好了。

果子姐离开姚远的第二个月,她一个人到外地出差,替领导挡了几杯酒,晚上回去喝完一杯蜂蜜水窝在床上,习惯性地拿起手机,想要给姚远打电话撒个娇,可电话都拨出去了,她才反应过来,赶紧挂掉。然后她就守着电话,害怕他打来,又失望于他真的没打来。

果子姐离开姚远的第三个月,她一个人过了圣诞节。没有彩灯,没有拉花,没有圣诞树,没有礼物,没有丰盛的晚餐,也没有温柔的爱人。她煮了一包泡面,一边看电视一边吃了下去。

果子姐正在被家里已经结婚生子并目睹她弃姚远而去的姐妹们催婚的时候,医院打来了电话。

她妈妈心脏病犯了，已经被送进了医院。果子姐赶到医院，妈妈已经抢救结束，暂时没有危险了。送妈妈到医院的是邻居阿姨，果子姐赶紧道谢。

妈妈醒了以后，苍白着一张脸也不说话，但是眼睛里的担心果子姐看得一清二楚。她知道妈妈在担心什么，可她什么都不能保证，只能安静而沉默地照顾她。

她在医院三天，没人能替她一下，果子姐整个人都憔悴了。有一天姑姑家的表姐到医院来看望她妈妈，果子姐招待表姐到外面饭店吃饭，回来的时候就听见病房里有人在说话，推开门看见姚远正细心地给果子妈妈倒粥。

果子姐站在原地，觉得连腿都是酸的。她退了一步，关上了门。直到姚远出来看到她，果子姐抬起头回视他，满眼的委屈和控诉。他上前一步，把她抱在怀里。

果子姐藏在他怀里，嘤嘤地哭了起来。

那一年，他们 26 岁。

说不清楚谁做出了妥协，只是他们都明白了，十年相守，他们的生命早就枝杈繁密，生长在了一起。

04

如今已经是他们在一起的第二十个年头，谁也没提过结婚的事儿了。仿佛在一起的每一天都是第一天相爱，也是最后一天相爱似的。

姚远为果子姐承担了很大的压力，他家庭和睦而传统，一直在催他结婚，如果果子姐不愿意结婚生子，那就换个姑娘。可姚远不肯，就那么僵持着。果子姐感激他为自己做的一切，对他更加信赖爱惜。

也不是没人追过姚远。

姚远公司新来的人事小姑娘，仔细调查清楚了姚远与果子姐的情况，对姚远发出了爱心攻势，每天帮姚远带早餐，公司组织出游，也总是跟在姚远前后，她甚至主动去认识姚远妈妈，表达自己对姚远的想法，这姑娘年轻漂亮不说，还特别踏实，说会以结婚为目的，与姚远在一起，结婚后第一年就可以怀孕。姚远妈妈被哄得几乎要逼着姚远去谈这场恋爱了。

姚远就把小姑娘大半夜发给他的短信拿给果子姐看,果子姐似笑非笑地看了他一眼就去睡美容觉了,她一点也不担心姚远会做什么。

果子姐也同样炙手可热,她的部门上司一直在默默等着,说只要果子姐未婚一天,别人就有机会,仿佛果子姐不婚和他有什么关系似的。部门聚餐,上司专门开车送一群同事回家,要把果子姐留到最后,果子姐发信息给姚远,让他在楼下等着,姚远就傻兮兮地站在楼下等着,然后特憨厚地跟对方道谢:"谢谢领导照顾我们家果子啊。"他不是看不懂对方的意图,可他同样明白果子姐对他的心。

如果那么轻易就会变的感情,还值得我们赌上一生吗?

如果一定要通过婚姻去保证彼此的承诺,那爱情本身还有意义吗?

时间长了,姚远也渐渐理解了果子姐。

大约是因为还未婚,在身边同龄的夫妻都过上了柴米油盐的生活的时候,他们的恋爱依旧风生水起,甜蜜有加。

可我知道,姚远就要守得云开了。

即将到来的是他们的二十周年纪念日。果子姐早就订好了酒店,约好了朋友。姚远提前什么风声都没收到,于是当他穿着背心裤衩站在灯火璀璨的酒店里的时候,整个人都是蒙的,他看见他爱了二十年的姑娘,站在他面前,拿着一枚极为朴素的戒指说:"喂,娶我吧。"

姚远猛地将她抱进怀里,久久不肯抬头,不让别人看到他一个大男人,就那么轻易地红了眼睛。

果子姐的妈妈后来跟果子姐讲过她跟果子爸爸的故事——

年轻的时候也不是没有过甜蜜默契的好日子。果子妈妈父母早逝,果子爸爸却不肯委屈她,风风光光将她娶进了门。果子妈妈生了果子,是个姑娘,每次婆婆刁难,也都是果子爸爸去周旋。

只是日子太琐碎了,一地鸡毛。

正是因为相爱,所以肆无忌惮,觉得无论怎样争吵、伤害对方,都不会失去这段坚固的关系,直到一次争吵之后,果子爸爸负气出去喝酒,失足摔进河里,再也没能回来。

果子妈妈第一次告诉果子姐:"其实我很爱你爸爸,你爸爸也很爱我,只是我们没福气撑到上了年纪,彼此宽宥的年纪。所以啊孩子,别怕。婚姻没什么可怕的。它既保护不了什么,也破坏不了什么。"

所以,你有没有遇到一个无论是否走进婚姻的殿堂都愿意与你谈恋爱,以一生为期的人呢?

我的闺密

"小美,我们分手吧。我……我喜欢上了Lisa……对不起。"

电话那头传来嘟嘟的声音,我目瞪口呆。木芙蓉刚刚抢走我第28任男朋友,可最要命的是,我既不能砍死那个该死的前任,也不能去报复那个可恨的第三者。哦,忘了介绍木芙蓉。木芙蓉是我最好的朋友,她是一个绿茶婊。

这个世界上总是会发生各种匪夷所思的事情,比如,傻白甜的我会和木芙蓉这种绿茶婊成为莫逆之交。

木芙蓉的学名就叫木芙蓉。如果是个普通点的姑娘,估计会被这个名字拖累得一辈子抬不起头来。可木芙蓉是谁啊,当真不辜负这名字,清水出芙蓉,美得清新自然。一头黑长发,明眸善睐,实打实的大美女,衣着打扮又十分大气温柔,以至于从小到大都是班里的女神。但她还是对自己的名字耿耿于怀,如今她以死相逼让我喊她的英文名字Lisa。

我呢,因为个性不十分突出,面容不十分娇美,又不善交际。从小到大都没什么朋友,只有木芙蓉不嫌弃我笨拙木讷,多少年都把我带在身边。用她的话说,站在我身边会显得她更美,人美心灵美。我忍不住对她翻白眼,却没办法拒绝这份友情。

一个绿茶婊女友的好处,你不身处其中是体会不到的。

01

在我因为失恋被我妈进行无情的人身攻击的时候,木芙蓉正窝在我们家的沙发上,享受我妈的爱心煲汤。

我妈让我坐在冷冰冰的椅子上反思自己在恋爱问题上的草率和愚蠢："那个什么卫的，看着就不像什么好人。你非要贴上去，这不还是把你甩了。我跟你说多少次了，不要那么草率地谈恋爱，你就是不听。气死我了！"老太太气得不够，还顺手给了我两巴掌。我揉着后背，疼得龇牙咧嘴。

老太太扭头对木芙蓉嘘寒问暖："芙蓉啊，怎么这么久都没回来喝汤啊，姨给你买了点好山药，留着给你炖汤用啊。"

木芙蓉笑得甜丝丝地，顺势就靠在了我妈的肩膀上："我就知道姨最疼我了。"

看起来，她俩才像亲密无间的母女。木芙蓉看了眼可怜兮兮的我，才抱着我妈的胳膊撒娇："姨我饿了，给我做饭吧好不好？我想吃糖醋虾。"

"好好好，那虾早晨就买回来了。我这就去给你做啊。"我妈走了，还用眼神狠狠剜了我一眼。

木芙蓉这才放下手里的小瓷碗，对着我一招手："还不跟我进来。"

我跟在木芙蓉身后，屁颠屁颠地进了房间。可我故意不理她，一屁股坐在床上不说话。她摇曳生姿地倚在我身边戳了戳我的脑门:"干吗啊你,还真生气了啊?这王子林够厉害的啊,不到一个月还真让你上心了啊?"

王子林就是我新出炉的前男友,我们在公司年会上认识的,他陪妹妹来玩,顺道捡走了我这个女朋友。我蛮喜欢他的单眼皮和白皮肤的,可惜没一个月就分了手。

"喂!"木芙蓉不满地坐在我身边,"这次我真的什么都没做!"

"是啊,你什么都没做,"我忍不住翻了个白眼,"只是一起吃饭的时候不小心摸到了他的手,分手的时候不小心把名片放进他口袋,随后又不小心共进了晚餐而已。"

木芙蓉倒在床上咯咯笑着。她的样子真的很美,天真又妖艳,比起平淡无奇的我,真的是一个天上一个地下,如果我是男人,也知道该怎么选。哪怕现实是我不是男人,身为同性我连怨恨她都做不到。

她帮我试探了 28 个男朋友,无一例外,全部变节。也许没办法怨恨她是因为我内心深处还是那么相信她,认为她做的一切都是为我好。而那些没能经得住诱惑的男人,失去了,也没有那么可惜吧。

"好啦,"她坐起来揽住我的肩膀,"别灰心啊,下次总会遇到一个好男人的。"

哪怕是见过那么多色眯眯的眼神,依旧对真爱怀有信任和期待,这大约是木芙蓉的另一个可爱之处了。我也忍不住笑了:"你不是涨工资了吗?请我吃大餐啦!"

木芙蓉故作心痛:"这个坏小妞、大胃王,谁能养得起你哦。"

我和木芙蓉的交情,从襁褓里就开始了。木芙蓉的妈妈跟我妈妈是闺密,房子都买了隔壁的那种交情,后来更是同步怀孕,甚至前后脚进了产房。如果我们不是同性,也许就定了娃娃亲。可木芙蓉的爸妈在她八岁的时候感情破裂离了婚,各自远走,雇了个保姆看着木芙蓉,木芙蓉打小就主意正,想了很多坏招,把保姆整跑了七八个,他爸妈没办法,只能把钱给她,让她自力更生。

我妈看着心疼,就让木芙蓉在我家吃饭,在我家住。可以说,木芙蓉打小就是在我家混大的,在我妈心里,说不好更偏爱谁多点。我呢,性格随我爸,不爱争,有点内向。木芙蓉跟我妈一模一样,做事利落,做人张扬,俩人更像是亲生母女。

小时候，我把洋娃娃和爸妈分出一半给她；长大后，她带走了我28个前男友。

我和木芙蓉就是这样一起磕磕绊绊地长大的。

02

不知道是不是失恋得太过频繁了，失去一个变心的男朋友，并不会让我痛苦很久。对我来讲，就如同一场热伤风，不管吃不吃药，一周的时间也够痊愈了。

只是我没想到，下一场恋爱，会来得这么快。

当肖慕站在我面前的时候，没情调如我也分出了三五分钟的时间缅怀青春。

不知道多少朋友经历过这样的场景：去朋友家做客，一定不能带自己最喜欢的玩具，或者戴最喜欢的首饰，因为一旦对方表达了喜爱之情，你不给，就是不够大方。尤其我身边有木芙蓉这个拿着我妈尚方宝剑的人。只要是我喜欢的，她也一定觉得好，只要是她觉得好，那我妈最后一定会把东西判决给她。

所以，从小到大，我真真正正喜欢的东西，从来没有勇气表达出来。那么喜欢，一旦拥有就要失去的话，还不如从来不曾拥有，远远看着就好了。

肖慕对于我来讲，就是这样的存在。

我13岁，情窦初开，对象就是肖慕，并不是我后来交往的那个流鼻涕的理科状元。肖慕学习成绩很差，可是体育很好，长手长脚的他在一群畏畏缩缩的小男孩中间，挺拔得像一棵小白杨。他虽然成绩不好，但是从不自卑，永远热情洋溢地笑，对谁都是一副好心肠。

可是，我喜欢肖慕这件事情，这个世界上没有任何一个人知道。哪怕聪明如木芙蓉，也只是偶尔提到年级里有个打球很厉害的男孩叫作肖慕，却并不知道她身边最好的朋友醒也是他，眠也是他，心心念念都是他，把他珍重地放在心底，连分享都怕惊动。

那是我人生中唯一一段像防贼一样防着木芙蓉的日子。

肖慕来我们公司是接他姑姑下班的。我这才知道，我的顶头上司，那个五十多岁无婚育史的单身老女人是肖慕的姑姑。

他没看我,接了人就走,只是凭白惹了我一场难过罢了。

我的顶头上司我们叫她肖总。肖总快退休了,虽然自己单身,性格又非常严谨。但是她有个非常具有反差萌的爱好,就是给人介绍对象。

我呢,是从小老师不疼、爹妈不爱的主,没想到得了肖总的眼缘,她说自己有个侄子,想要介绍给我做男朋友,问我愿不愿意。

我生怕她反悔,连犹豫都没有就答应了。

这场相亲,我没告诉我妈,也没告诉我最好的姐妹木芙蓉。我只是一个人去了商场,刷信用卡买下了那条看中了半年却始终没有打折的裙子。

肖总雷厉风行,不过半天就定下来我的相亲事宜,见面地点是在我们公司附近的一家咖啡厅。下班的时候,我还赶着时间去附近的造型店洗了个头发。等我匆匆赶到的时候,咖啡店里靠窗的位子上已经坐了两个年轻人,其中一个,就是肖慕。

我调整呼吸,面带笑容,快步走了过去:"不好意思,让你们久等了。"

肖慕笑得温柔:"没关系,点个饮料吧。"

我把餐单拿了起来，又不好意思地放下："忘了自我介绍，我叫林艾美。"

肖慕点头："我叫肖慕，这是我哥哥肖霆。"

我对路人甲肖霆露出一个得体的笑容，然后继续低下头去看餐单。

一顿饭，我和肖慕聊得宾主尽欢，虽然肖慕三番两次把话题丢给肖霆，可这个陪坐的男人明显不在状态，每隔几分钟就看一下表。最后我自以为体贴地说："肖霆是不是有事情要忙？如果忙的话就先去吧，我和肖慕自己聊也可以。"

他们一起瞪圆了眼睛，像看到了恐龙一样看向我。这一刻，我知道我似乎搞错了一件很严重的事情。

肖霆一边憋笑一边指着自己说："林小姐，你的相亲对象是我……"

那一瞬间，我听到自己的脸热熟了，发出"嘶嘶"的声音……

那一场荒诞错乱的相亲饭在我的落荒而逃之下结束了。第二天肖总难得给了我一个笑脸，问我感觉怎么样。我结结巴巴地说："肖……您侄子，应该是没看上我……"说完，忍不住露出了苦笑。

肖霆,因为这场乌龙,自然不会再对我有什么想法。而肖慕……他从前就没注意过我,此后,大约会把我当成一个好笑的谈资,偶尔跟朋友讲一下就算了吧。

肖总似乎没想到自己撮合的相亲竟然连后续都没了,气哼哼地走了。我百无聊赖地坐到了下班时间,又有气无力地走出公司大门,却看到穿着黑色大衣的肖慕靠在门口的柱子上。大约是听到了我的脚步声,他抬起头,认出是我,笑了。

我踌躇了一下,还是走了过去,佯装潇洒地打招呼:"又来接肖总啊?"

他站直身,走到我面前:"不是,我是来接你的。"

我抬头看过去,简直不敢相信自己听到了什么。

大约是我瞪圆了眼睛的样子太滑稽了,他笑得很开心:"如果我说,我也是单身,如果林小姐愿意的话,也可以考虑下我。如何?"

我抬手,捂住了嘴,生怕自己兴奋得尖叫出来。他却误会我是觉得太滑稽了,对我道歉:"抱歉,我也知道太唐突了,但是经过昨天,我觉得跟林小姐还是很聊得来的,希望能有机会进一步接触。"

满世界的烟花都开了吧，我眼前全是绚丽的光彩，然后我一边傻笑一边伸出手握住了他的："好的好的，请多指教。"

而我当时因为惊喜而露出的蠢态，后来，被他笑了很久。

但无论怎样，我恋爱了，和我快三十年的生命里最喜欢的那个人——肖慕。

03

我和肖慕的恋爱顺风顺水。

我丢三落四，肖慕却细心体贴；我凡事都怕麻烦，肖慕则大度宽和；我喜欢吃垃圾食品，肖慕却愿意在我暴饮暴食之后，拉我去运动健身……我和肖慕，有相似也有互补，有时候和谐默契得根本不像刚刚恋爱的情侣。

可我们之间唯一的问题就是，我坚决不肯公开我们之间的恋爱。他想去我家拜访我爸妈，这样就可以以结婚为前提继续和我交往。可我听了以后不但没有欣喜，反而像炸毛的鸡一样跳了起来:"不行不行,太早了太早了。"

如此几次之后,温柔如肖慕也被伤了自尊,再也不提这件事情了。可我心里也苦涩得不行,如果可以,谁交往了这样优秀的男朋友不想拿出来晒一晒啊?我几次牵着肖慕的手都想拍张照片发到朋友圈去晒幸福,可我都忍住了。

我舍不得晒,我承担不起后果和风险。

这是我的肖慕,我藏好了他,就能继续好好地和他在一起。

肖慕因为我连续的拒绝,心情也不太好。他们公司组织年会,可带家属。他原本想要带我一起去,可是我一想到离家几天,不知道怎么跟我妈交代,就又硬着头皮拒绝了他。最后肖慕是黑着脸走的。

我送他到了机场,他连 goodbye kiss 都没给我。

当天晚上,我应邀去 KTV 给一个同事庆生,因为肖慕不接我电话,我把自己灌醉了。等我意识清醒过来的时候,已经在洗手间吐了几次了,我用清水洗了几次脸,才意识到自己的情况,再不回家就有点危险了。

没想到一回到包间,就看到一群凶神恶煞的男人站在里面逼我另外两个同事喝酒，来的都是一群小姑娘，兴致好，都没少喝。这个时候已经迷迷糊糊、毫无抵抗力了。

我吓得直发抖，掏出手机哆哆嗦嗦地给木芙蓉打电话。

那一瞬间，我想不到我爸妈，想不到我最爱的肖慕，也想不到报警，我只想得到我无所不能的木芙蓉。

木芙蓉听我断断续续地说话，电话那边发出叮叮咚咚的声音，还有一个男人哼哼唧唧的抱怨及木芙蓉干脆利落的巴掌声。随后，她的声音清清楚楚地传了过来："别怕，小美，我来了。你藏好了啊。"

我原本是蹲在门口等的，可是不知道等了多久，里面的情况越来越糟糕。我忍不住推开门冲了进去。我用尽全身力气把打头的光头男人推倒，那男人没想到身后还有人，被推了个措手不及，头撞在茶几上，发出"咚"的一声巨响。

然后，我耳边剧痛，随即一阵轰鸣。我不知道被谁打了一个耳光，直接滚到了一边。

就在这个时候，我另一只耳朵却听到木芙蓉尖叫的声音劈开了喧嚣浮光扑面而来，我抬头，泪水模糊中也清楚地看到她，瘦瘦的身体，抄起啤酒瓶就砸在了两个男人的头上，没等对方反应过来,就从包里掏出一把菜刀砍在了桌子上,"咚"的一声之后,所有人都惊呆了,只听她凶悍地喊道:"谁打的她,谁打的她!"她一边指着我,一边挥舞着菜刀,像是被抢走了狼崽的母狼,眼睛都狠得发红。

我一边委屈地哭,一边指着早就看好的方向。木芙蓉挥着刀就过去了。

她一路闯红灯、超车超速、危险驾驶,警车几乎是跟在她身后开来的。最后我们一群人都被带去了警局。

坐在警车上,木芙蓉一边抱着我,一边还在发抖。我哼哼唧唧地哭,她心疼地揽着我:"小美疼不疼,疼不疼啊……"说着,自己也掉了眼泪。

那一瞬间我觉得木芙蓉是这个世界上最爱我的人。

其实从小到大都是这样,我犯了错误被老师关在办公室,她跳窗进来救我出去;我被高年级的人欺负,她小小的个子就冲上去找人家拼命;甚至有一次,我差点被人贩子抓走,也是木芙蓉,冲过去死死咬住了对方的手,她被劈头盖脸地打了无数个耳光,最后被打成了猪头,却成功地拖来了附近的大人。木芙蓉当时头上留了一个疤,到现在都还摸得到。我妈抱着她哭:"芙蓉,以后你就是我的亲闺女……"

无论我们是不是在吵架,是不是在闹别扭,只要我需要,她总是第一时间冲出来保护我。她总是对我说:"小美,别怕。"

她是我的绿茶婊闺密,永远漂亮、聪明、势利,但是永远把懦弱没用的我,护在身后。我抱住她的腰咧嘴,"芙蓉……"

她"啪"就给了我一下:"叫我 Lisa!"

我张到一半的嘴,就那么停住了……

美人皮下面藏着仗义的温柔,这是我的绿茶婊闺密木芙蓉。温柔感动超不过三秒,这也是我的绿茶婊闺密木芙蓉。

如果我是男人,我一定会娶她。

04

后来的事情,就不是我能控制的了。

我躺在床上,恢复情绪,顺便养脸上肿着的伤,木芙蓉坐在沙发上接受我妈又一波感激的供奉。我妈呢,熬完山药排骨汤,熬黄豆猪脚汤,给她补完给我补,忙得不亦乐乎,还是我爸听见了门铃响去开了门。

我英俊的男朋友就站在门外,有礼貌地半鞠了一躬:"叔叔好,我和小美正在交往,前几天在外地,今天刚回来,听说她受伤了,赶紧来看看她。"

我爸赶紧把人迎了进来。

于是就出现了一副十分诡异的场面,我躺在床上吃瓜。我爸、我妈、我闺密坐在我男朋友对面,三堂会审。

最后,我爸妈心满意足地走开了,木芙蓉则笑眯眯地拿起茶几上的指甲刀慢条斯理地修理她美丽的指甲。据她说,这个动作,是她准备狩猎的动作——一个女人在修剪指甲的时候是很性感的。

我隔着窗子看着她美丽的侧脸,嗅到了她满身雌性激素的味道,心里一阵发黑:"完了……"

后来,肖慕对我嘘寒问暖并深切地忏悔,在我最需要他的时候,他没在我身边。我本来还想矫情地哭一把,可是一想到我和肖慕在一起的时间还不知道能有多久,就宽宏大量地原谅了他,只把脸埋在他的手掌里,贪恋他的温柔。

我很快就上班了，肖慕每天车接车送，对我比以前更温柔、更关心，生怕自己一个没注意我再被人欺负。

我享受着他的好，惧怕着他的离开。同时，神经兮兮地关注他的行程，他的每一个定位、每一个电话、每一条信息，我都要握在手里翻来覆去地看。我的不安直接影响到了肖慕，可肖慕的烦恼，在我眼里则被幻想成了他移情木芙蓉之后的冷淡。

一步误解步步错，终于，有那么一次，我要加班到很晚，让肖慕来接我，可偏偏肖慕也有应酬，他让我多等一会儿。我在公司从八点等到九点、十点再到凌晨两点，才等到姗姗来迟的他。

我看不到他的疲惫和关心，我只是红着眼睛问他："你是不是烦我了，是不是喜欢上别人了？"这一刻，我说不出木芙蓉的名字，好像我不说就还有最后的底牌。肖慕沉默地送我回了家，然后我们开始了冷战。

冷战的日子里，我妈依旧每天骂我："肖慕人多好啊，你还要作，把人作没了看你要怎么哭！"

我每天都在想念肖慕，可令我更加难过的是，肖慕没消息的日子里，木芙蓉却热恋了，时间契合的这样好。我昏天黑地的痛苦，她抱着手机回复甜蜜的信息，笑得花枝招展。

我躺在床上一宿一宿失眠的时候，想了很多。最后，我做出了一个连自己都难以置信的决定——我要把肖慕抢回来。

我抢夺肖慕的手段其实非常温柔，不过是佯装不知道木芙蓉的存在，更加温柔用心地对待肖慕。我学习这木芙蓉对待情人的方式，我会用心地给肖慕买礼物，努力学习打领带、做牛排。我会给他制造惊喜，我会表达我对他的依赖和爱意。我不再像以前那么木讷，我开始买有蕾丝花边的内衣和修身的连衣裙，我不再懒惰于修饰自己，我每天都运动、保养、化妆。

镜子里的我一天比一天美，我也能察觉到肖慕的心一天比一天靠近我。人心都是肉长的，何况我如此热忱地爱着他。

我的努力很快得到了回报，交往一周年这一天，肖慕单膝跪地向我求婚。我没有急于答应，像刚谈恋爱的傻子，我矜持地笑了，眼中带着泪光，轻轻颔首。那难熬的等待的时光，给了肖慕更多的惊喜。

他把戒指戴到了我的无名指上，然后起身把我抱了起来。

我和肖慕要结婚了。

直到婚礼这一天,我才看到木芙蓉的新任男友,是个帅气俊朗的飞行员,对木芙蓉温柔至极,眼中满怀爱意。

我挽着肖慕的胳膊,想要看看他见到木芙蓉的眼神有没有什么不同,可他的眼睛磊落清澈,什么异样的情绪都没有。

直到我蜜月旅行的前一晚,木芙蓉照例睡在我家,还特别要求和我睡同一张床。这大约是我婚前最后一个和闺密睡在一起的夜晚了,我们肩膀挨着肩膀,亲密地靠着。我什么话都不想说,我对木芙蓉大半年的刻意疏远,她也早就察觉到了。

最后,还是木芙蓉打破了沉默:"小美,你终于长大了。"

看我无动于衷,她的声音轻轻地飘荡在半空中:"我跟肖慕只见过那一次,那以后我没有联系过他,也没有试图考验过他。其实你知不知道,每次我笑着问你,要不要帮你考验一下男朋友的时候,你那时候的表情都是犹豫、忐忑、不自信。从来没有那次那种,伤心到极点,恐惧到极点的眼神,我自然什么都不敢做。"

我忍不住,扭头看向她。

"小美,"她轻轻笑了,"真正让你伤心难过的事情,我是不会做的。"

我忍不住把脸靠在她的肩膀上，温暖的泪水顺着我的眼角流到她的皮肤上："对不起。"

其实，该说对不起的人，是我。

我分明记得，13岁的我们，是一起看到肖慕的。是木芙蓉先瞪大发光的眼睛，说："这个男孩好帅，我好喜欢。"而我，故作厌恶地说："这个人很讨厌，木芙蓉你要是喜欢他，我就不跟你玩了。"

那是我人生中，第一次明确表达讨厌什么，第一次用友谊威胁木芙蓉，谁想到木芙蓉真的为了我，从此离肖慕远远的。她每次看到他的眼神都是怅然又温柔，可为了我，却永远都是站在远远的另一边。直到肖慕再次出现在我的人生中，因为顾及我的感情，她在一开始就退了一步，站得很远。

我抱着木芙蓉的胳膊，一边掉眼泪一边说："一定要幸福啊，Lisa。"

我的闺密是绿茶婊，她在外面是个聪明狠辣的角色，纵横欢场，从未输过。她温柔美丽的外表和精明干练的内里，都让她游刃有余地混迹在各种复杂的关系中，可她只有一份最温暖的感情，全部给了我。她教会了我如何爱人，如何变美，如何在二十多岁的年纪里活得肆意盎然、摇曳生姿。而从此以后，我们的人生将会各自成长，独自修行。

因为，一个绿茶婊是不会有另一个绿茶婊女朋友的。

偷心大盗

你要知道,总有一个人会成为你人生中的意外。

01

薇薇安在酒吧喝得烂醉如泥。

如果不是大力心情好,难得良心发现了一次,她就被两个居心不良的男人带走了。酒吧里每隔几天都会发生这样的故事,失意醉酒的姑娘醒来后面临的就是失身。

薇薇安运气好,大力飙车赢了,看见那两个贼眉鼠眼的男人去拉薇薇安的胳膊,就走了过去,只一眼那两人就认出大力,扭头走了。

薇薇安醒来的时候有点冷,忍不住拉了拉身上的"被子",一股浓浓的酒味儿扑面而来,薇薇安不适地睁开眼睛,头痛欲裂。

过了一会儿她才看清,自己睡在酒吧角落的一张沙发上,身上盖着一张半湿半干的桌布,桌布上潮湿的痕迹明显是啤酒。

她扶着额头坐了一会儿,发出了一声呻吟。这是她人生中第一次醉酒。

"我要去吃早饭了,你也一起吧?"大力站在门口喊她。

薇薇安放下手,露出局促不安的表情:"我想先洗个脸。"

大力指了指她身后的方向。

"谢谢。"薇薇安走了进去。

清晨六点的早点摊上已经热闹地坐了很多人。

薇薇安低头吃一碗番茄鸡蛋面,是大力特意请老板娘帮忙做的,热乎乎的面条,微酸的口感,十分开胃。半碗面吃下去,薇薇安一直在抗议的胃和头痛都有所缓解，她忍不住在清冷的空气里缓缓吐出一口气。

"第一次宿醉？"

"嗯。"薇薇安露出羞怯的笑容，晨光里她的脸庞干净明亮，像露水。气质这么纯净的姑娘，在酒吧里宿醉，多半都是为情所困，大力就笑了："为了男朋友？"

"其实……"薇薇安低下头，似乎难以启齿，"还不算男朋友。"

薇薇安是那种总是会被渣男盯上的姑娘，大约是因为她天真又漂亮，好把又好甩。

阿东是在公司联谊的时候遇到薇薇安的，她打扮得精致漂亮，表情蠢蠢欲动，一副待人采撷的模样，他走了上去，人模狗样地递过去一张名片。薇薇安向他微笑："不好意思，我没有名片。"

阿东就笑，掏出手机来："那我们加个微信吧。"

他们在联谊会上相谈甚欢，薇薇安觉得阿东一定会主动联系她，她每天都在等微信的提示音，可除了订阅号推送每天都叮咚作响，根本没有阿东的信息。熬了三天以后，薇薇安主动给阿东发了信息。

阿东就说："你终于联系我了，我一直在等你啊。"

薇薇安忐忑不安的心就欢呼雀跃起来，第二天，薇薇安去阿东公司附近的餐厅等他下班，阿东态度很温柔，甚至在过马路的时候还扶了薇薇安的腰。

在薇薇安看来，谈恋爱这种事儿其实有很多约定俗成的细节。比如既然约会，就是双方有意，既然他有肢体接触，就是对她有好感，既然她每条信息他都回复，那多多少少就只差捅破最后一层窗户纸。

一来二去，薇薇安单方面陷入了热恋。直到她听朋友说，其实阿东早就有一个感情稳定、相恋多年的女友，整个人都失重了，她觉得自己简直是个笑话。她跟很多朋友都说自己正在恋爱，甚至承诺了父母，会尽快带男友回去给他们看。

薇薇安单方面恋爱之后，又单方面失恋了。

02

"傻。"听完薇薇安的故事,大力只能给出这样一句评语。

但是从那天开始,薇薇安就习惯了时不时出现在酒吧里喝一杯饮料,和大力聊两句天。时间久了,也就知道了大力的故事。

这个酒吧其实是大力为女朋友开的,准确来说,是前女友。

大力原本是个拳手,高中毕业以后无所事事,就在街上混,时间长了,打出了野路子,也有了几分名堂。后来,被七爷看上,替他打拳,那两年大力什么都做,打拳飙车,打架拼酒,直到遇到了燕子。

燕子当时还是个学生,安安分分的那种。但是有那么一次,大力打架的时候波及了路人,那个倒霉的路人是燕子的亲哥哥。

燕子和哥哥从小失去了父母,相依为命在大伯家长大,兄妹俩感情格外好。大力伤到路人,也很自责,他去医院看了一眼,就这一眼,他把心丢了。

那姑娘温温柔柔,却充满委屈埋怨地看了他一眼,让他从此愿意为她赴汤蹈火也在所不辞。

从此，大力格外照顾这兄妹。哪怕大力根本不是燕子的菜，可时间长了，大力的一举一动难免会落进燕子的心里。

有一次大力受了伤，燕子帮他上药，就骂他："这么大的人了，怎么还总是这样混日子，以后可怎么办啊？"

"反正也没人管我，你要是愿意管我，我就改了。"大力满不在乎地说，类似的话撩来撩去，带着暗示和漫不经心的玩笑意味，大力都说习惯了。可没想到燕子这次就接了话茬："好啊，那我管你，你可得改啊。"

大力傻了眼。

第二天，他欢欢喜喜地去找七爷请辞，七爷给他包了一个大红包，大力用那笔钱租了这个地方，装修成一个酒吧，用心经营，也算有了正经事做。

燕子和哥哥时常过来玩，三个年轻人说说笑笑，亲亲热热，就像一家人一样。大力是真的很用心地做生意，很努力地攒钱，他知道燕子的处境，他最大的目标就是能攒一笔钱，给燕子一个家。可是后来，他有了不少钱，也有了一个家，却始终没能亲手捧给他爱过的那个姑娘。

燕子大学毕业就出国留学了,是大力资助的。

她在机场抱着大力哭了很久:"你不让我去我就不去了。"

可大力还是拍了拍她的肩膀,说:"去吧。我等着你。"

燕子飞走了,然后再也没回来。她在美国遇到一个美籍华裔男孩,与他相爱结婚,并且留在了美国。大力在当地订购了一只牧羊犬送给她做新婚礼物,他不能继续守护她了,就让那只狗守着她好了。据说燕子收到狗狗的那天,抱着它哭了很久。

当初很爱很爱是真的,可是隔了一个太平洋,爱上了别人也是真的。

她在电话里跟大力说:"对不起,谢谢你。"

从那以后,大力变成了情场浪子,都市男女的爱恨情仇见得多了,也就通透了——什么爱不爱的,这世界离了谁都转。

他把这道理讲给薇薇安听,薇薇安第一次表达了反对意见,她说:"大力,我觉得你真怂。"

一向看似无坚不摧的大力,第一次露出狼狈的表情。

吧台后面目睹了一切的调酒师给薇薇安竖了一个大拇指。

03

不久，薇薇安又有了新的目标。这一次她吸取了经验教训，找了一个极其厉害的军师。

这一次是朋友给薇薇安介绍的男孩子，在同一个产业园另一家公司做高管，年轻有为，长得有点像佟大为，是薇薇安喜欢的类型——她格外喜欢单眼皮。

第一次见面，薇薇安化了淡妆，穿着一件经典款黑色丝绒连衣裙，脚踩高跟鞋，头发蓬松而慵懒地披在肩上。

大力恋爱指南第一条：不要让对方察觉到你的隆重，但也不要真的不修边幅。心机要体现在小细节上，比如你稍微长出来一点的指甲，并不是刚刚做好的完美样子，有点可爱又有点精致。

薇薇安拿杯子的时候，注意到了对方落在自己手指上的目光，她抿了抿唇。开始上菜，两个人动了筷子，薇薇安吃了两口配菜就停了下来，对方露出在意的表情："不好吃吗？"

薇薇安则抱歉地笑了笑："我不吃动物内脏。"哪怕是法国鹅肝。

大力恋爱指南第二条：要表达出适度的挑剔和包容。你不是个不挑食的姑娘，对生活处处有原则也有要求，但是你能理解和包容对方和你不一致的地方。

果然"佟大为"露出歉疚的表情："抱歉，我不知道。"

"没关系的。我本来晚上就吃得不多。"薇薇安举起杯子，抿了一口饮料，淡红色的唇印落在了玻璃杯口上。

大力恋爱指南第三条：暗示。略短一寸的裙子，落在杯口的唇印，向对方倾斜的脚尖，都会给男人以暗示，但一定要保持足够的矜持。你的可爱都是天真的，你的暗示都是无意的。

一顿饭，两厢欢喜。

饭后，他们沿着江边散步，起了风，"佟大为"特意去街上的女装店买了一条围巾，披在了薇薇安的肩上。之后送薇薇安回了家，她没带走的围巾上已经留下了她香水的味道。

几乎是连细节都堪称完美的约会，当天晚上开始，"佟大为"微信不断，已经迫不及待开始约她下次见面的时间。

大力恋爱指南第四条：无论什么信息，晚半个小时再回，电话响到六声之后再接。

"佟大为"对薇薇安紧追不舍一个月,薇薇安在哪里,他就跟到哪里。体贴关怀,无微不至。如果是以前,薇薇安一定会非常开心,可是这一次不知道为什么,薇薇安总觉得心里空落落的。

晚上,她到酒吧喝酒。

大力正和一个辣妹聊得热火朝天,薇薇安一个人坐在吧台前面,看着饮料杯子发呆,无意中看到辣妹亲了大力一下,她狠狠愣住了。

扭头,她朝调酒师说:"给我一杯酒。"

调酒师摇摇头:"大力说过,不卖给你酒喝。"

薇薇安就狠狠跺了一下脚。调酒师沉默了半天,还是忍不住问了一句:"薇薇安,你不会是吃醋了吧……"

薇薇安愣了一下,然后捂住耳朵"啊"地尖叫起来,哪怕是乱哄哄的酒吧,也被她的尖叫辟出了片刻安静。

大力皱着眉起身要往这边走,薇薇安看了他一眼,扭头逃跑了。

04

　　这太惊悚了,原来她喜欢他。

　　也许是大力和燕子的故事打动了她,也许是她每次不开心的时候,他总是坐在她面前听她讲心事,也许是因为一开始,他突发善心救了她。

　　也许是因为他跟她说:傻姑娘,开心点,加油啊。

　　不管是因为什么,薇薇安察觉到自己的心动那么确凿,且蠢蠢欲动。

　　大力生日的时候,酒吧举行狂欢夜。全场酒水免费,抽中大奖还能得到单人全年免单券,于是新客常客会聚一堂。薇薇安低调地躲在人群中,看着大力左右逢源,和谁都亲亲密密,这一刻她才认清,其实这男人看着凶,但对谁都好。

　　不知道谁设计了一个特别玛丽苏的环节,零点的时候黑灯十秒钟,可以去亲吻你喜欢的人。年轻人兽血沸腾,嗷嗷大叫。

十，薇薇安站在大力身后。

九，她揽住他的脖子。

八，她踮脚亲上他的唇。

七，她眼角溢满泪水。

六，他伸手抓住她的手腕。

五，她在他耳边轻轻地说："我喜欢你。"

四，他抓着她的手不放。

三，她狠狠咬他的手背。

二，他放了手。

一，灯亮了，她消失在人群里。

如果不是那熟悉的香水味，那个短暂而温暖的吻就像一个幻觉。然而大力就是大力，他拨开人群，坚定地往门口走去，在薇薇安逃上计程车之前，拉住了她，他有点气愤，也有点委屈。既然是朋友，为什么一定要把关系弄得这样尴尬："薇薇安，你到底怎么了？"

薇薇安一把推开他："我没怎么！"

"嘿，我们不是早就讨论过了吗？爱情是不会长久的，早晚都会结束。你看我们这样不是很好吗，有时间聊聊天喝喝酒，没时间就各自过各自的日子……"

"然后呢,"薇薇安蓦然一笑,"等我找到了结婚对象,就去结婚生子,我们会忘了彼此,你也从来不会知道我喜欢过你,我在你的人生里和任何一个客人都没什么不同。我不要……"

"我宁愿你想起来我的时候说——那是个单恋我的傻子,我要在你的人生里留下痕迹,我要让你知道我的心意。可是大力,你扪心自问,你对我真的没有一丁点感觉吗?"那一刻的薇薇安,气场全开,如同女王,有那么一个瞬间,大力觉得羞愧难当,她的光芒,照见了他心底最卑微的怯懦。

"说什么潇洒,还不是个不敢爱的孬种。"她没说出口的这句话,他听见了。

薇薇安走了,大力一个人回到了热闹的酒吧。

酒还是那杯酒,萦绕在舌尖的却是难以释怀的苦。

当天晚上,大力拒绝了辣妹送的生日礼物——一起过夜的邀请。此后,也再没和谁随意地在一起。大力突然清心寡欲起来,做什么事情都无精打采。

在他摔碎了不知道多少个玻璃杯之后,调酒师忍无可忍地将他推出店门:"去找她吧。"

大力突然就明白了自己的灵魂落在了何处。

薇薇安到家的时候,是"佟大为"送的她。他们在楼下道别,"佟大为"笑着说:"真的不能给我一个机会吗?我以为你对我也是有好感的。"

薇薇安也笑:"对不起。"

佟大为就知难而退了,实际上,薇薇安连他的名字都记不住,只记住了他酷似佟大为的一双眼睛而已。

薇薇安上了楼,却在家门口看到了一个漆黑的影子,没等她惊呼出声,大力就拉住了她的手:"是我。"

薇薇安就吐出一口气:"你怎么来了?"

"我怎么不能来,耽误你约会了?"大力觉得自己的语气酸得不行,真丢人。

薇薇安愣了一下:"你……吃醋了?"

大力沉默了一会儿,才嘟囔了一句:"女人真烦人。"他低头吻住了薇薇安的唇,让她再也说不出令他羞怯的话。

她的手落在他的背脊上,如同安抚。

05

  我们每个人在经历一段伤筋动骨的爱情之后，总觉得自己丧失了继续去爱的能力，又或者，再也遇不到这样刻骨铭心的人。

  实际上，我们需要做的，只是把一切交给时间，然后去等。

  再厉害的情场老手，也会遇到一个偷心大盗，在他毫无所知的情况下，拿走他的心。

  这世界是守恒的，你要相信，虽然有这么一天，你被辜负了，但也总有那么一天，你会被成全。

最佳前任

01

公历十一月十一日零点整,莎莎在全选购物车下单的时候,某宝出现了网络崩溃的提示,同时,银行卡收到了一笔一万块钱的转账。

有一瞬间,莎莎恍惚了。仿佛回到了一喊"老公",就有个英俊的男孩子走过来抱自己的那种生活。等她缓过来打开某宝准备继续奋战的时候,发现购物车里的东西都已经失效了,她忍不住骂了一句"混蛋"。早不来晚不来……可其实,每年他都会在全民购物节这一天打一笔钱给她。莎莎就会用这笔钱买他们的小家需要的各种东西。

大家抢完东西都睡了,莎莎失眠了。想打电话过去问问他究竟是什么意思,可又觉得不能露怯——他打错了钱,他都不急,她急什么啊。

于是莎莎在床上辗转反侧一晚上,直到天边蒙蒙亮,她跳起来就把电话打出去了,电话那边男声睡意蒙眬:"喂?"

"九白……"

"怎么了,是不是做噩梦了?"没等莎莎的质问出口,九白就温柔地问道,问完,电话两边的两个人都沉默了。

认识莎莎的人都知道她是个很有趣的姑娘,脑洞大得不行,各种奇思怪想层出不穷。她睡觉姿势不健康,于是白天的怪念头晚上都变成了噩梦,有那么一阵,她时常在大早晨,天还没亮透的时候给九白打电话撒娇:"九白我做噩梦了。"

没半个小时,九白肯定就带着早餐站在她门前了。曾经,九白是她的英雄,是她的未来,是她灵魂的休憩之地。

还是九白在电话那边打破了尴尬的平静:"想吃什么?"

莎莎已经折腾了一夜,早就饿得难受,于是一个吃货的本能使她脱口而出:"鲜虾秋葵粥!茶叶蛋!海带丝!"

"好,等着吧。"九白就挂了电话。

莎莎懊恼到想撞墙,她抱着抱枕躺在床上忍不住想,他们两个怎么会走到这个地步呢。

九白拎着早餐敲开莎莎家门的时候,莎莎已经换好衣服,准备开吃。

她喝了半碗粥,抬头看到九白正随手帮她收拾客厅里乱糟糟的沙发,忍不住眼睛一热,赶忙低下头,嘟囔道:"你别收拾了,我自己会收拾好的。"

九白愣了愣,"哦"了一声,放下了手里的杂志,他走到餐厅坐在莎莎对面,问她:"好吃吗?"

莎莎点点头:"你……昨天打错钱了。"

对面的人没有反应,莎莎抬头去看,却看见九白认认真真看着她的眼神,她突然就意识到,九白不是打错了钱。

莎莎紧张到口吃:"你……你什么意思?"

九白就叹了一口气:"莎莎,我认输了好不好?"

莎莎的眼泪就落在了白粥里。

02

莎莎认识九白其实已经很多年了。

他们从小在一个大院里长大,父母都在厂里上班,一群差不多年纪的小孩都是一起长大的,关系都很亲密,尤其九白和莎莎。远远近近所有的孩子都知道,莎莎不能惹,因为她是九白罩着的。

九白也不乐意天天保护个丫头片子,可奈何他妈稀罕姑娘,就喜欢莎莎那个奶声奶气的可爱劲儿,于是天天对九白耳提面命:"照顾好莎莎,别让人欺负她。"九白没办法,只好到哪里都拎着短手短腿的莎莎。

有那么一次,他在树下陪莎莎玩沙子,实在无聊极了,有一群男孩子喊他去踢球,他叮嘱莎莎待在原地等他回来,结果等他玩嗨了,回来了,莎莎不见了。他找遍了整个大院,生怕把妹妹弄丢了,那会儿他一边找,一边偷偷抹眼泪,这才感觉到她的小肉手拉着自己衣摆的时候，那种依赖和信任有多珍贵。

他想起来跑回家找大人求助的时候，看到莎莎就坐在他家门口等他。莎莎看见他，揉揉眼睛站起来，嘟嘟囔囔："九白你回来啦。"

九白就冲上去紧紧握住莎莎的手。从那以后，九白才心甘情愿当起莎莎的"监护人"。

从小到大，九白都是莎莎的保护者。他甚至幻想过等莎莎嫁人，他能做那个送她上车的娘家人。

直到莎莎高中毕业那一年，吻上了九白的唇。

从此一切荒腔走板变了调子。

九白惊愕之后，笑嘻嘻地推开莎莎："傻丫头，喝多了是吧？"

莎莎却执拗地看着他，眼睛发亮，特别认真地说："我长大了，我想做你女朋友。"

九白落荒而逃，可很快他就知道，莎莎是认真的。

莎莎高中毕业，九白大三结业。整个暑假，莎莎都追着九白到处跑。

　　九白去打桌球，莎莎就坐在一边安静地玩手机，九白打完球，就看见莎莎已经靠在沙发上睡着了；九白去打网游，莎莎就开一台电脑玩大富翁，等他玩嗨了，莎莎的电脑前面已经显示通关的字样。

　　九白也不是不心疼莎莎——跟着他到处跑却得不到他的回应。可这是他珍而重之的小妹妹，他更不能随意给她一个怀抱，然后再让她伤心——他离家三年，女友已经换了五个，他怀疑自己根本没有让别人幸福的能力。

　　他怕打破这种关系，是因为他怕失去。

　　时光在躲避和心慌中悄然飞逝，九白提着行李回学校的时候，既松了一口气，又感到失落。

　　这种感觉伴随他乘坐火车抵达学校。他看到学校门口聚集着很多人，听说有一个刚入学的小学妹要向学长告白，他径直穿过人群，却被喇叭里清甜的女声喊住了脚："九白！"

　　九白愕然转头，他的莎莎站在学校门口正中央，手里拿着几十个彩色气球，穿着白色连衣裙、红色高跟鞋，正微笑地看着他："九白！我喜欢你！"

九白手里的行李"啪啦"掉在了地上。

周围很多围观拍照并鼓励的人，九白看懂了莎莎微笑后面的害怕。他舍不得让她难过，舍不得让她失望，更舍不得让她被人嘲笑奚落。九白伸开手臂，点了点头。

莎莎快乐地笑了，然后扑进他的怀抱。

03

和莎莎在一起以后，九白才意识到恋爱与从前有什么不同。

莎莎不舒服，他会很自然地照料她；莎莎想去哪里玩，想吃什么，他也甘之如饴，只要她开心；莎莎有时候会话不断，一直絮絮叨叨，他听起来也觉得有趣；他从前的女友们身上，令他无法忍受的小毛病，莎莎全都有，可他不介意，反而觉得可爱。

原来问题不是她够不够好，而是他够不够在乎。

九白毕业那一年，为了照顾莎莎，在学校附近买了一所小公寓，莎莎欢欣鼓舞地搬了进去，当时刚刚流行全民购物节，九白很豪气地给莎莎打了一笔钱，让她去买早就看上的沙发罩、脏衣篓、烛台、餐具。

他们的家越来越像样,而莎莎就像个小妻子,每天下了课就回到家等九白下班,两个人一起出去吃饭,去河边散步,再一起回家。

莎莎偶尔也会偷偷地想,时光时光你停下吧,就这样让他们过完一生。可年轻的情侣争执永远比甜蜜多。

虽然九白已经毕业工作了,整个人渐渐踏实下来。莎莎却还是大学新人,各种社团活动、社会实践不断,中间难免夹杂着几个故意献殷勤的男同学。莎莎跟九白说得很清楚:"虽然他们喜欢我,但是我只喜欢你啊。大家都是同学,总不好见面不说话吧。"

莎莎是真的傻白甜,九白却已经是个老司机,他太清楚了,对这个年纪的男孩来说,拒绝但凡留情面,就断不了他们的念想:他总会想,这姑娘心软,只要我够坚持,总有机会。

于是九白只好时不时地就抽空去接一下莎莎。

一次两次,莎莎甜蜜地飞奔进他怀抱,像一只小鸟。

三次四次,莎莎还觉得这是值得炫耀的幸福。

然而在很多次以后,莎莎问九白:"你是不是不信我?"

九白也曾经试图跟莎莎讲道理，可莎莎被他惯坏了，根本不听，当天晚上，莎莎负气与同学们出去K歌，九白找了一夜，最后还是莎莎的室友帮忙问到了地址，九白赶到的时候，某个贼心不死的男同学正拉着莎莎在角落里告白，莎莎喝多了，根本推不开他。

九白把小学弟打了一顿，丢回包间。莎莎哪怕是神志不清了也觉得很丢脸。第二天，两个人就开始冷战。

莎莎虽然小、不够理智，但是她特别善于自我检讨。每次犯了错误，九白冷她两天，她就能意识到自己错在哪里，然后到九白面前道歉。九白也爱极了她可怜兮兮的小模样。

可这一次，莎莎几次三番想要跟九白道歉，九白都没接这个话茬。

莎莎订了桌，想要和九白吃个烛光晚餐。她特意穿上了自己最喜欢的那件粉色的毛绒外套，帽子上有两只耳朵，背后还有一只尾巴——九白也很喜欢她穿这件衣服，去九白公司楼下等他下班。

她等了两个小时，直到看见九白西装革履，拎着公文包，身边跟着一个同样穿着西装套装的年轻女孩，她本来想喊九白一声，可她看着他们在门口上了一辆黑色的商务车离开了。

她低头看了看自己的萝莉样，突然就心虚了。

其实莎莎在九白面前，一直都是心虚的。她是永远追在他背后的小妹妹，连恋爱也是她勉强他、胁迫他的。她那么小、那么幼稚，懂的东西那么少，除了卖萌扮可爱，只有一颗热忱的爱他的心了。

也许并没有什么事的，可就在这一瞬间，莎莎钻了牛角尖，她问自己："为什么每次认输道歉的都是你呢？凭什么啊？他还不是仗着你喜欢他吗？没有这么欺负人的啊！"

莎莎一边抹着眼泪，一边回家了。

她单方面和九白分手了。

等九白出完差回来，忙完项目，想起来这小兔子有点反常的时候，才发现问题的严重性。小兔子回到学校去住了，出出进进也有了几个好朋友的样子。这样朝气蓬勃地和同龄人在一起，才是大学应该有的样子啊，而不是总守在他们的小房子里，围着他转。

于是九白，就那么退了一步。他不知道的是，莎莎每天都在等他找过来，每天都藏在被窝里掉眼泪。

04

九白呢,几乎是最佳前男友的典型了。

莎莎大四那一年,谈了一个男朋友,那男孩高大英俊,也算年轻有为,可就有一个坏毛病——花心。他追莎莎的时候,每天接送,隔一天送一次花,节日礼物也送得极尽贴心。所以哪怕莎莎知道他曾经交往过不少女友,也忍不住动了心,更何况她有点泄气——凭什么我就要一直等着九白呢?九白那个木头也许命中注定要孤独终老的!

可莎莎刚点了头没多久,花心男孩就与服表学院的一个姑娘出双入对。莎莎倒没有多么喜欢他,可这行为极大地伤害到了莎莎的虚荣心和自尊心。她当然不好意思跟九白讲这个,奈何四年下来,宿舍里的另外三个室友,有两个是九白的卧底。

当天晚上花心男孩就被教训了。

莎莎听说他挨揍还不敢报警的时候,还在宿舍吐槽:"坏人自有天磨。"

室友实在看不过去她傻成这样，摸摸她的头："孩子，是你监护人出了手……"

"监护人"是室友给九白起的外号——哪怕这三年他们分了手，九白也一直对她非常照顾。莎莎怒气冲冲地给九白打电话，骂他多管闲事。

莎莎临近毕业，选了一家最心仪的公司去面试。可当天早晨下了雨，莎莎到了对方公司时间还早，鞋子、丝袜、裙子都溅上了泥点。她实在太喜欢这份工作了，于是打电话给朋友求助，室友今天还有选修课的考试，没人能帮她，没办法，莎莎只好给九白打了电话。

半小时后九白就拎着纸袋子从天而降。

九白帮莎莎选了一套中灰色的小套装和白色高跟鞋，比莎莎原本选的黑裙黑鞋子不知道好看多少倍。他从来都比莎莎更了解她适合什么。

莎莎面试结束，本来想请九白吃个饭感谢他，可九白早就已经驱车离开，去忙他的事情了。

毕业季，全班人在一起吃毕业前的散伙饭。莎莎和几个女同学坐在一起抹眼泪。此时此刻，莎莎才意识到自己在学校的四年里经历了多少珍贵的故事。情绪有点失控，好多同学都喝多了，包括莎莎。别的同学喝多了就安安静静地坐着，而莎莎喝多了跑到洗手间给九白打电话："九白，你爱没爱过我啊？"

莎莎虽然喝多了，但她非常清醒地知道自己在做什么，也非常清醒地明白，为什么要在这个契机问这个问题：如果九白说没爱过，她也可以醒后假装不记得。

九白叹了一口气，问她在哪里。

莎莎哭了，呜呜咽咽地回了座位。几个女同学相互搀扶着回到了宿舍，一时间莎莎根本不知道自己的伤感来自于哪里。

当天晚上九白仍然过来确认她是否回了宿舍，并给她倒好了蜂蜜水，防止她第二天醒来头疼。

也是从那天开始，莎莎的朋友们都认为九白这林林总总的作为，可以称得上最佳前男友了。

05

  九白以往的照顾,还可以算得上对邻家小妹的情分。

  可此时此刻,九白认输的话代表了什么意义,已经非常清楚了。

  莎莎一边掉眼泪,一边喝完了碗里的粥,看着九白认真地问他:"你当初为什么和我分手?"

  九白几乎要叹出声了,这丫头已经完全忘了,是他回来发现人去楼空,是她单方面分了手,他只是没有阻止,可此时此刻追究曾经,终究是不聪明的,于是九白回答:"因为我当初太傻了。"

  "那你为什么没来挽回我?"

  "我一直在挽回你啊。"

  "可……"

  "我是不是一直对你好?"

  "是……"

  "这就是在挽回你啊。"

原来这世上根本没什么最佳前男友、有良心的邻家哥哥，有的只有没有死心、跃跃欲试的恋人。莎莎就红了脸，问："那你……爱没爱过我。"

九白微笑："我爱你。"

他们已经不是小时候的模样了，可九白确信，他还会像小时候那样保护她、爱惜她。

给她一生的爱。

谢谢你，我的花匠先生

01

天意穿着婚纱，从小别墅二楼的窗户翻了出来。她光着脚，小心翼翼地摸索着屋顶的边缘，直到踩住扶梯，慢慢攀缘下来。

别墅前面还播放着悠扬悦耳的音乐，为这对漂亮而富有的新人献上祝福，衣香鬓影，众人都在举杯谈笑。

华姜打完电话往回走的时候，看到的就是这个画面：新娘的裙摆被扶梯勾住，然而她还有五层阶梯才能够到地面，于是就被卡住了。

华姜走了上去，说："需要帮忙吗？"

天意低头看过去，只觉得这男人有点眼熟。至于在哪里见过却想不起来，况且此时此刻哪怕是故人，她也根本顾不上叙旧。

她的额头鼻尖都沁出了细细的汗，此时已经忍不住有点泄气了："你要怎么帮啊？"

华姜上前两步，绅士地说："得罪了。"然后一脚踩上第一级阶梯，肩膀就在她的腿窝处，"坐上来。"

阳光很好，俯视看过去，男人神情温柔，实在不像怀有歹意。天意红着脸，模糊地道了一句谢，然后小心翼翼地坐在男人肩上，她的婚纱是鱼尾形的，这么艰难地趴下来，腿早就僵了。

华姜侧着头，防止碰到天意的身体，然后单手从口袋里掏出一只瑞士军刀，伸手一甩就将刀刃甩了出来，"哗啦"一声，华丽的裙角就被割开了。

天意双脚落地的时候，终于忍不住松了口气，然后他抓住华姜的手说道："帮人帮到底，送我一段！"

华姜觉得自己简直在做梦，只不过是参加个婚礼，竟然就撞见了新娘逃婚的戏码。他通过后视镜看了一眼天意，她看着窗外，一副心情很好的样子，发现华姜的视线，她大大方方、不闪不躲："谢啦。你是男方亲友？生意伙伴？"

华姜摇头："我是婚礼鲜花供应商。"

天意就瞪大双眼："是你啊！TimeFlower 的创始人？"

华姜又点头，天意就毫不吝啬地夸他："年少有为嘛。你的花那么贵，你应该很有钱咯。帮我买件衣服吧，回头我还你钱。"

华姜只好送她去女装店买衣服，谁料天意逛街的瘾上来了，拿了十几件裙子去试穿，她肤色白，气质甜美，穿红色惊艳，穿粉色可爱，穿白色天真，穿黑色神秘，最后她拎了四件新衣服离开。然后又去买鞋、买包。

华姜叹气："小姐，你还要逛多久？"

天意就笑："我逛完啦，请我喝酒吧。"

华姜就驱车带她去巷子里只有老客的小酒馆，她坐在小小的院子里，抿着瓷杯里甜甜的玫瑰酒，忍不住问："我们以前是不是见过啊？"

"小姐，你这搭讪的台词也太土了。"

"我看过你的专访。你以前很穷的，按理说，我不应该认识穷人。"天意歪着头，说着没礼貌的话，"你为什么帮我呢？我家其实也没多少钱，况且我还有个弟弟，我以后也继承不到我爸爸多少钱。因为我长得好看吗？"

华姜就顺着她说："是啊，因为你好看。"

天意就翻了个白眼："得了吧。"

通常情况下，人喝多了就喜欢讲故事。

那天，天意也不能免俗，给华姜讲了一个王子和公主的故事。

02

天意的爸爸是个暴发户。做包工头起家的，但是因为房地产的兴起，她爸爸看准时机成立了一个颇有规模的施工队，承包了很多工程，也就赚了很多钱。

后来，她爸爸凭着和几个老板的关系，也投钱搞房地产。说起来也是运气到了，一个大字不识几个的大老粗，跻身富豪榜，住进了富人区。

天意当时已经十岁，十岁的小姑娘走进上流社会的孩子群，所有同龄人都排斥她，喊她是暴发户的女儿，只有斯图，总是站在她身边保护她。

斯图高中就出国读书，天意就特别认真地学英语，暑假跑去英国看他。他们在温德米尔湖畔喂天鹅，斯图拉着天意的手说："做我女朋友吧。"

天意就问："那你以后会娶我吗？"

"以后的事情谁知道呢？"斯图笑，"我们喜欢彼此，就应该在一起啊。如果我们能一直喜欢对方，就可以永远在一起了。"

天意就点点头。

虽然天意家有钱了，可是斯图和她在一起，也是经过了很多努力的。

尤其天意家里乱七八糟的事情太多了。

天意的叔叔是个不学无术的赌徒，时不时就要过来打秋风，奈何天意的奶奶又是个非常偏心的老人，天意的爸爸只好一直给弟弟补窟窿。

天意15岁的时候，一个陌生女人抱着个男婴上门要钱，说是她爸爸在外面一夜风流的结果。做了亲子鉴定以后，宝宝留下了，那女人拿着钱走了。从此天意原本幸福的家庭总是充满争吵，越吵，她爸越偏向弟弟，最后一家人几乎成了两家人。

可就是这样，斯图也从来没有嫌弃过她，总是耐心地安慰她。

斯图帅气，有钱，言谈举止优雅，就像是天意小时候看的童话里面的王子，她也深信，斯图就是她的白马王子。

于是后来，斯图求了婚，她就点了头。

然而在结婚典礼之前，她收到了陌生人发来的照片。照片里斯图抱着不同的年轻姑娘，笑得一样甜蜜快乐。

其实天意一直都知道，斯图和那些她一向看不惯的有钱少爷没什么不同，一样喜欢豪车美酒、游艇美人。斯图只不过是他们中间唯一看得起自己的人。

天意义无反顾地逃了婚。她连为什么都不想问，没劲。

天意趴在小酒馆的木头桌子上，醉眼蒙眬地掉眼泪："我那么喜欢他啊，为什么他不能专心一点。就算他要玩，为什么要让我知道呢？"

原来她什么都知道，只是故意装傻。

华姜怜惜地摸了摸她的头。

03

天意从小就是一个一旦下定了决心就很难改变的人。

说好听点是坚定有原则，说难听点，就是犟。

斯图自知理亏，根本没底气指责天意，反而是天意的爸爸不停地打电话给她，让她去跟斯图道歉。更让天意烦恼的是，斯图每天都会到她家坐在客厅的沙发上，安安静静地等她，不求饶也不解释。

斯图是天之骄子，从来都没有对谁像对天意这样小心翼翼过。

天意不是不感动，可是一想起斯图的那些照片，天意就难过极了。她也知道，像斯图这样的有钱公子，哪怕此时此刻低下了头，未来还是一样该怎么玩就怎么玩。这是他所处的世界给他的生活。

斯图也觉得委屈，他只是逢场作戏，并不是真的背叛了天意。连斯图家里的人也觉得暴发户家的女儿就是不识大体。

没人体谅她那颗爱他的心。

最后天意不胜其扰,给华姜发了一条信息:"给你个赚外快的机会敢不敢?"

华姜打了个问号过来。

天意就说:"假装我新欢啊。"

华姜过了一会儿才说:"好啊。"

天意总觉得华姜的好说话有点过分了,先是帮自己逃婚,又陪自己买东西喝酒,可她身边所有的朋友同学,斯图都认识,找谁也不靠谱,她也并不想真的因为赌气而和谁恋爱。只有华姜,是她身边的新人,于是她说:"我们谈谈费用啊?"

华姜却回复她:"不急。"

天意想动脑子的时候也挺聪明的,她知道自己拉着华姜的手直接出现在斯图面前,斯图多半是不信的,于是她约华姜出去玩。

他们去了市里刚刚建成的植物园,在巨大的热带植物下面,天意穿着白色连衣裙摆 pose,华姜就负责给她拍照。

人人都说有个会拍照的男友有多幸福,天意这才理解。

他们去游乐场买粉红色的巨大棉花糖，天意戴着兔子耳朵的发卡，笑得露出洁白的两排牙齿。

华姜倾身靠近她，她忍不住后退，华姜揽住她的腰说："别动。"然后伸手摘掉她头发上沾着的柳絮。

天意就嘀咕："你也太敬业了。"

华姜笑得好看极了："为人民服务。"

他们默契亲密，真的像一对情侣。

于是，收到私家侦探发来的照片的斯图，也信了。

他将手里的照片重重砸了出去。

04

斯图终于安静了，天意也松了一口气。

可她准备跟华姜结算酬劳的时候，发现华姜不见了。这会儿她才意识到自己跟华姜真的是萍水之交。

如果华姜不回应，她没有任何其他的办法联系到他。

可不知道怎么了，天意越来越频繁地想起来华姜用肩膀托住她的时候，那个铺满阳光的侧脸。

她给了自己一个解释，一定是因为她不喜欢欠人家的。于是托了好几个朋友，才打听到华姜回了老家。

等天意反应过来的时候，她已经穿着她香奈儿的高跟鞋踩在乡间泥土的小路上了。她走一脚，崴一脚，最后坐在树下累得走不动，她脱下鞋子，把脏兮兮的脚放在青石上，然后朝路边玩耍的小孩子招招手："姐姐这里有一百块钱，你们帮姐姐找一个叫华姜的人好不好？"

"华姜哥？我认识他！"一个小男孩跳起来就抽走了天意手里的钱，"我去帮你喊他！"说完便蹦着跑远了。

天意就坐在那里一边用手扇风一边等，日头大得不行，就算在树下也晒得她脸色发红，一个小女孩伸手摸了摸天意的钻戒，天意低头看她："怎么了？"

小女孩就害羞地笑了："好亮呀。"

天意的首饰太多了，这戒指只是其中一个，她从来不觉得有多好看。她拥有的太多了，早就忘了自己像小女孩这么大的时候，也曾天真地喜欢过那些发光的东西。

天意笑着摸了摸她的头,从手提袋里掏出糖果给他们吃,糖果有点化了,黏在糖纸上。可孩子们不在乎,吃得高高兴兴。

华姜赶到的时候,看到的就是一脸笑容的天意,他赶紧走过去接她:"你怎么来了?"

天意斜着眼睛看他:"来给你付钱啊。"

华姜定定地看了她一会儿,才笑了起来,"这样啊,"他意味不明地说,伸出手,"走吧。"

天意把已经不能穿的鞋子举起来给他看,华姜没办法,只好弓着腰站在她面前:"上来吧。"

天意仿佛回到了第一次见他的时候,于是她站在大石头上,跳上了他的背。

华姜这次回来是因为家里亲戚结婚。他送天意到堂妹家,帮她找了一双鞋子,然后天意穿着黑色连衣裙和一双黑色帆布鞋,挽着华姜的手去吃席。

乡里乡亲笑嘻嘻地打趣他俩,天意大大方方地微笑。

席间,一个穿着枚红色连衣裙的姑娘频繁地看过来。

天意注意到了,却没当回事儿。过了一会儿,华姜去帮忙,那姑娘不请自来,坐在了华姜的空座上:"你是华姜的女朋友?"

天意上下打量了她两眼:"你是哪位?"

对方没想到天意看上去柔柔弱弱,语气却这么呛人,她抿抿唇,露出一个不高兴的表情:"你一定是看华姜现在有钱了。我跟你说,华姜这么多年一直都在等我,你不要做梦一直跟他在一起……"

"宋敏。"女孩白着脸扭头,华姜一脸严肃地看着她。

05

月上柳梢,华姜开车载天意回城。

公路两边是成片的田野,天意优哉游哉地看着窗外,露出惬意的表情。

华姜却有点心不在焉。

"喂,"天意笑起来的样子像个天使,"你知道我的故事了,把你的故事也给我讲讲啊。"

本来有点灰暗的往事,却好像被天意的笑容照亮了一样。

华姜和宋敏，既是同乡，又是大学同学。一起在外地求学，同乡很容易就走在一起了，更何况是只隔了一条街这样近的。

华姜虽然父母早逝，但是叔叔对他非常好，所以华姜性格也好，因为感激叔叔的照顾，基本上养成了一副大哥哥的性格，把堂妹当亲妹妹照顾，连带着对身边的人也都一向慷慨温和。

而宋敏，虽然家庭圆满，却因为从小就物质贫瘠，养成了斤斤计较的习惯。华姜事事迁就她，希望能让她多点安全感。

两个人彼此照顾，也惊喜不足、温馨有余地过来了。

直到华姜毕业后创业，宋敏找了一份朝九晚五的工作，矛盾开始频繁出现。宋敏觉得创业这事儿根本不靠谱，也没办法每个月拿钱回来，她甚至觉得自己要这么养华姜一辈子。

她劝了华姜很多次："放弃吧，哪儿有那么多创业成功的人啊。踏踏实实过日子不好吗？"

华姜不听。

后来宋敏的话就越来越难听了，最后一次争吵，宋敏把家里的东西都砸烂了："你就要这么靠我养一辈子吗？"

华姜看着他们一起布置起来的小家里一地狼藉，有点难过地笑了，那笑容比哭还难看，他把工作室能用的现金都拿来还给宋敏，算是还给她这段时间的伙食费，宋敏也不是不心疼，可她更怕华姜拖死她。

直到后来华姜咬着牙一家一家送花，用新的经营模式和品牌创意获得了巨大的成功。宋敏后悔了。

"她没联系你？"

"联系了很多次。"

"那你是不是特别得意？"

"不是，我只是不爱了。"

其实很多时候对女人来讲，不是男人的得意，而是男人的不爱。天意心有戚戚焉，突然想起来一个她一直想问的问题："华姜，你认认真真回答我哦，你为什么帮我？"

华姜扭头看了她一眼，笑道："因为我对你一见钟情，想要乘虚而入吧。"

天意就红了脸，扭过头去不说话了。她不知道的是，她唇角的笑容已经落在了深色的车窗上。

华姜其实很久很久之前就见过天意了。

那天他刚刚跟宋敏吵过架，挂了电话，赶紧按照订单地址送花到大学。

比现在更年轻、更骄蛮的天意负气地将手里的鲜花丢在地上。

宿舍楼前，华姜露出可惜的表情。

天意怒火无处发泄，华姜的表情瞬间就激怒了她："你觉得我无理取闹？"

华姜笑了："我只是觉得这花很好，丢了很可惜。"

华姜不知道的是，他走后，天意双手抱肩站在原地，视线落在那束花上，眸光微微变暖，随即又嘟囔道："不过是个送花的。"

天意生气，跟这快递鲜花的男人一点关系也没有，而是因为送花的人——她的男朋友斯图，那天晚上天意毕业party，斯图却飞去了日本，只送了一束鲜花表示歉意，天意的大小姐脾气上来了，根本控制不住自己。

但当天晚上天意离开之前，不知道为什么，她突然想到了华姜的脸，于是就把花束捡了起来。她把鲜花抱回宿舍修修剪剪，放进盛好清水的玻璃花瓶里，心情突然就变好了。

她一边去停车场找车，一边给斯图打电话。

电话那边年轻男人声音十分焦急："天意，你终于接我电话了。我今天真的不是故意的，我爸一定要我来参加这个会议。"

想想其实斯图很在乎自己，平时也很体贴温存，天意就笑了："好啦，原谅你一次。"

她开着车驶出学校校门的时候，恍惚还看见那个华姜正开着电动车，车斗里是满满的花束。但也不过就是走了几秒钟的神，天意就继续和电话那头的男友聊天了。

那是天意的人生中第一次遇到她的花匠先生。

在很多年以前，天意觉得这男人真傻。华姜却觉得，这姑娘蛮横逞强的样子，像一株生机勃勃的花。

并不是所有王子公主都能有幸福快乐的结局，也许真正能给公主美好爱情的人，是那个在花园里她邂逅的、对她一见钟情的花匠。